新世纪电工电子实验系列规划教材

电子技术实验及课程设计

（第 2 版）

主　编　葛年明
副主编　周　泉　李桂安

U0254643

东南大学出版社

·南　京·

内 容 简 介

本书是根据高等学校理工科本科生的电子技术实验基本教学要求编写的。

全书分为三个部分和三个附录。第一部分是模拟电子技术实验,第二部分是数字电子技术实验,第三部分是课程设计,附录分别为半导体分立器件,半导体集成电路、常用数字集成电路的引脚排列和 TDO3062B 数字示波器使用说明。

本书基于理论与实践并重的思想,在内容的安排上不仅注重实验原理的阐述,同时注重对学生基础实验技能的训练以及综合性和设计性实验能力的培养。书中编写的模拟电子技术实验、数字电子技术实验及课程设计内容,使用时可根据教学时数及需要灵活选用。

本书可作为高等院校电气类、电子信息类、计算机类和机电一体化等专业本、专科学生电子技术实验教材,也可供从事电子工程设计和研制的技术人员参考之用。

图书在版编目(CIP)数据

电子技术实验及课程设计 / 葛年明主编. —2 版. —南
京:东南大学出版社,2013.12(2021.1 重印)
新世纪电工电子实验系列规划教材
ISBN 978 - 7 - 5641 - 4663 - 4

Ⅰ.①电…　Ⅱ.①葛…　Ⅲ.①电子技术-实验-高等
学校-教材　②电子技术-课程设计-高等学校-教材　Ⅳ.①TN

中国版本图书馆 CIP 数据核字(2013)第 283635 号

电子技术实验及课程设计(第 2 版)

出版发行	东南大学出版社	
出 版 人	江建中	
社　　址	南京市四牌楼 2 号	
邮　　编	210096	

经　　销	全国各地新华书店	
印　　刷	江苏凤凰数码印务有限公司	
开　　本	787 mm×1092 mm　1/16	
印　　张	13.75	
字　　数	352 千字	
版　　次	2008 年 8 月第 1 版　2013 年 12 月第 2 版	
印　　次	2021 年 1 月第 4 次印刷	
书　　号	ISBN 978 - 7 - 5641 - 4663 - 4	
印　　数	7501—8100 册	
定　　价	42.00 元	

(本社图书若有印装质量问题,请直接与营销部联系。电话:025 - 83791830)

第 2 版前言

为适应 21 世纪高等学校培养应用型人才的战略,加强学生实践能力和创新能力的培养,我校电类各专业统一开设了电工电子系列基础实践课程。该系列基础实践课程主要有"电工基础实验"、"电工电子实习"、"模拟电子技术实验"、"数字电子技术实验"四门课程组成,本书为后两门课程的教材,其内容包括"模拟电子技术实验"、"数字电子技术实验"以及"电子技术课程设计"。

电子技术基础是很多专业的专业基础课,也是实践性很强的课程。"模拟电子技术实验"、"数字电子技术实验"作为电子技术基础课程的实践性环节,对培养学生实践能力和创新能力起很重要的作用。考虑到电子技术学科的发展以及实际教学需要,在第 2 版的内容上作了如下的更新与调整:

(1) 对基础实验部分的实验内容进行适当的增加,使教学过程中选择实验内容可以更加灵活,这样既符合了教学规律,也满足不同专业、不同要求学生的需要。

(2) 在课程设计部分删除了相对较陈旧内容,增加了几个新的设计内容,如电子密码锁、数字多用表设计等,选题更加注重实用性,着重培养学生的综合应用、工程设计能力和创新能力,同时也为实验室的开放提供丰富的选题。

(3) 随着实验教学的不断发展,教学仪器也在趋向数字化,因此在附录里增加了数字示波器的使用说明,这样可以帮助学生进行自学,快速掌握实验仪器的使用。

本书保持了第 1 版的编排格式和主要特点,如便于自学、注重深入浅出、实用性强等。同时在不少实验中都增加了内容,教师可以根据自己具体的教学安排,因材施教,合理安排实验内容,增强课堂教学效果。

本书由葛年明、周泉、李桂安三人共同编写,其中葛年明编写第三部分的课程设计 3.3、3.6~3.11、3.15、3.16、附录 D 以及前言部分;周泉编写第三部分的课程设计 3.1、3.2、3.12~3.14 部分,李桂安编写第一、第二部分,第三部分的课程设计 3.4、3.5 以及附录 A、B、C 部分。全书由葛年明负责统编与定稿。电工电子实验中心的其他教师在本书编写过程中,给予了大力支持与帮助,并提出许多宝贵的意见,谨此表示诚挚的感谢。

由于时间仓促以及编者的水平所限,书中难免有疏误之处,恳请广大读者提出批评与改进意见。

编者

2013 年 10 月于三江学院

目　录

第一部分 模拟电子技术实验

1.1（实验1） 单级低频电压放大器

1.1.1 实验目的

（1）掌握单级晶体管电压放大器静态工作点的设置与调整方法，熟悉放大器的主要性能指标及其测试方法。

（2）掌握示波器、直流稳压电源、交流毫伏表、函数发生器和电子技术实验箱等仪器设备的使用方法。

1.1.2 实验原理

单级电压放大器有共发射极、共集电极和共基极三种基本组态，分压式偏置共发射极放大器是一种应用最为广泛的放大器，电路如图 1.1.1 所示。

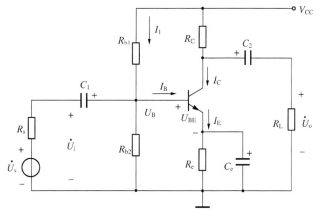

图 1.1.1 分压式偏置共发射极放大器

该电路具有稳定静态工作点的能力，它的静态工作点 Q 主要由 R_{b1}、R_{b2}、R_e 和电源电压 V_{CC} 所决定。在实际情况下，为使 Q 点稳定，应保证 $I_1 \gg I_B$ 及 $U_B \gg U_{BE}$，一般可选取：

$$\begin{cases} I_1 = (5\sim10)I_B（硅管） \\ I_1 = (10\sim20)I_B（锗管） \end{cases}$$

$$\begin{cases} U_B = (3\sim5)V（硅管） \\ U_B = (1\sim3)V（锗管） \end{cases}$$

电路的静态工作点可由下式决定：

$$U_B = \frac{R_{b2}}{R_{b1}+R_{b2}}V_{CC}$$

$$I_C \approx I_E = \frac{U_B - U_{BE}}{R_e}$$

放大器若为了有最大不失真输出电压,静态工作点 Q 应设置在交流负载线的中间,若静态工作点 Q 选择得太高,就会出现饱和失真,如果静态工作点 Q 选择得太低,就会产生截止失真,如图 1.1.2 所示。

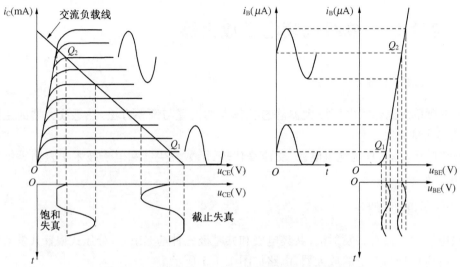

图 1.1.2　静态工作点不合适,引起输出波形失真

对于小信号电压放大器,一般选择 $I_C = (0.5 \sim 2)\text{mA}$。

放大器的主要技术指标有电压放大倍数 A_u、输入电阻 R_i、输出电阻 R_o 及频率响应(上限频率 f_H,下限频率 f_L)。图 1.1.1 所示放大电路各技术指标的计算式与测试方法如下。

1) 电压放大倍数 A_u

$$\dot{A}_u = \frac{\dot{U}_o}{\dot{U}_i} = \frac{-\beta R'_L}{r_{be}}$$

式中: $R'_L = R_C // R_L$；$r_{be} = 200 + (1+\beta)\dfrac{26\ (\text{mV})}{I_E(\text{mA})}\ (\Omega)$。

电压放大倍数 A_u 的测量是在输出波形不失真的条件下(若失真,应减小输入电压的数值),测出放大器的输入电压、输出电压的有效值 U_i 和 U_o(或峰值 U_{im} 和 U_{om}),则

$$A_u = \frac{U_o}{U_i} = \frac{U_{om}}{U_{im}}$$

2) 输入电阻 R_i

$$R_i = R_{b1} // R_{b2} // r_{be}$$

输入电阻 R_i 的大小反映放大器从信号源吸取电流的大小,输入电阻越大,则放大器从信号源吸取的电流就越小。

输入电阻的 R_i 测量可以采用串联采样电阻法,测量电路如图 1.1.3 所示。在信号源和放大器输入端之间串联一个已知电阻 R,测出信号源电压 U_s 和放大器

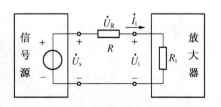

图 1.1.3　用串联采样电阻法测量 R_i 的原理图

输入电压 U_i,则

$$R_i = \frac{U_i}{I_i} = \frac{U_i}{(U_s - U_i)/R} = \frac{U_i}{U_s - U_i}R$$

3）输出电阻 R_o

$$R_o = R_C$$

放大器输出电阻的大小反映它带负载的能力,输出电阻越小,带负载能力就越强。

放大器输出电阻的测量方法如图 1.1.4 所示。在放大器输入端加一信号电压 U_s,在输出波形不失真的情况下,分别测量出已知负载 R_L 未接入（即放大器空载）时的输出电压 U'_o 和 R_L 接入时的输出电压 U_o,则

$$R_o = \frac{U'_o - U_o}{U_o/R_L} = \left(\frac{U'_o}{U_o} - 1\right)R_L$$

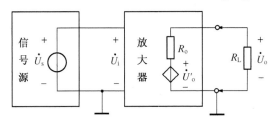

图 1.1.4 测量 R_o 的原理图

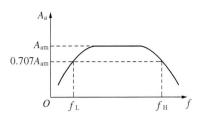

图 1.1.5 共射放大器的幅频特性

4）频率响应

放大器的幅频特性如图 1.1.5 所示,随着信号频率 f 的增大或减小,放大器的电压放大倍数 A_u 比中频电压放大倍数 A_{um} 会减小,通常称放大倍数减小到中频放大倍数的 0.707 倍时,所对应的信号频率为上限频率 f_H 和下限频率 f_L。放大器的带宽为 $f_{BW} = f_H - f_L$。

一般采用逐点法测量放大器的幅频特性。测量时,保持输入信号电压 U_i 数值不变,改变信号的频率,用交流毫伏表（或示波器）测出输出电压 U_o 的数值,由 $A_u = U_o/U_i$ 计算出不同频率下的电压放大倍数后,将结果画在半对数坐标纸上,横坐标频率 f 按对数分度,纵坐标 A_u 按线性分度,即可作出幅频特性曲线。

若只要求测出放大器的带宽 f_{BW},即只要测出放大器的上限频率 f_H 和下限频率 f_L,其方法如下:固定输入电压 U_i 在某一数值,首先测出放大器在中频（信号频率 $f = 1$ kHz）时的输出电压 U_o,然后升高信号频率,直至输出电压降到 $0.707U_o$ 为止,此时该频率即为 f_H。同样,降低信号频率,直至输出电压下降到 $0.707U_o$ 为止,此时该频率即为 f_L。

1.1.3 实验内容

1）调整和测量放大器静态工作点

按图 1.1.6 所示电路及参数,在电子技术电路实验箱上连接好放大器电路。

连接电路时应注意:① 电解电容为有极性电容,其正极应接在高电位,负极接于低电位,不能接反。② 用万用表欧姆挡检查放大器电源 V_{CC} 与接地点之间不应有短路现象,然后再接上电源。

调节 R_P,使三极管发射极电位 $U_E = 1$ V,即调整该放大电路静态工作电流 $I_C = U_E/R_e$。

$=1\,\mathrm{V}/1\,\mathrm{k\Omega}=1\,\mathrm{mA}$，测量此时的 U_B、U_C，记录数据，填入表 1.1.1。

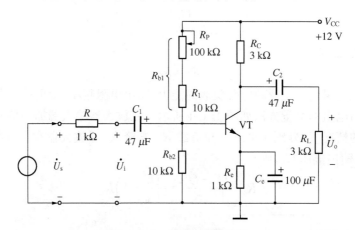

图 1.1.6　单管共射放大器

表 1.1.1　测量数据一

$U_E(V)$	$U_B(V)$	$U_C(V)$	$U_{BE}=U_B-U_E(V)$	$U_{CE}=U_C-U_E(V)$

2）测量放大器动态技术指标

用探头和连接线将放大器、直流稳压电源、函数发生器、交流毫伏表和示波器按照图 1.1.7 形式连接起来。

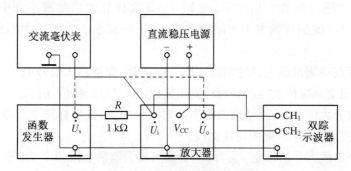

图 1.1.7　放大器、仪器的连接

连接时必须注意各仪器及放大电路应共地，即各仪器的地线、放大器的地线必须连在一起。

（1）电压放大倍数 A_u、输入电阻 R_i、输出电阻 R_o 的测量

调节函数发生器，使其输出正弦信号，频率 $f=1\,\mathrm{kHz}$（中频），且调节信号电压 U_s 的大小，使放大器输入电压 $U_i=5\,\mathrm{mV}$。测量 U_s、U_o'（R_L 未接入）、U_o（R_L 接入），记录数据填入表 1.1.2。

表 1.1.2　测量数据二

	$U_s(mV)$	
测量值	$U_i(mV)$	
	$U_o'(mV)$	
	$U_o(mV)$	

计算值	$A_u = \dfrac{U_o}{U_i}$	
	$R_i = \dfrac{U_i}{U_s - U_i} R(\text{k}\Omega)$	
	$R_o = \dfrac{U_o' - U_o}{U_o} R_L(\text{k}\Omega)$	

实验时注意用双踪示波器观察 u_i 和 u_o 的波形,应在输出波形不失真条件下进行测量,若有波形失真,应减小信号电压 U_s。

(2) 上限频率 f_H、下限频率 f_L 的测量

维持放大器输入信号电压 $U_i = 5$ mV,分别增大、减小信号频率,直至放大器输出电压降至 $0.707U_o$(U_o 前面已经测得),测出对应的上限频率 f_H 和下限频率 f_L,记录数据填入表1.1.3。

表 1.1.3　测量数据三

$f_H(\text{kHz})$	$f_L(\text{Hz})$	$f_{BW} = f_H - f_L \approx f_H(\text{kHz})$

3) 观察静态工作点不同对输出波形的影响

(1) 增大 R_P 的数值,静态工作电流减小,观察且画下产生截止失真的输出电压波形。

(2) 减小 R_P 的数值,静态工作电流增大,观察且画下产生饱和失真的输出电压波形。若输出波形失真不明显,可适当加大 U_s。

4) 测量放大器的最大不失真输出电压

轮流调节 R_P 和 U_s 的大小,使放大器输出电压 u_o 的波形为最大不失真的正弦波(若同时出现正、负向削波失真,可减小 U_s),测量此时静态工作电流 I_C(测量出 U_E,$I_C = U_E/R_e$)和最大不失真输出电压 U_{omax}(有效值)。

1.1.4　预习要求

(1) 掌握分压式偏置共射放大器稳定静态工作点的原理、小信号电压放大器静态工作点的选择原则。

(2) 掌握放大器的主要技术指标及其测量方法。

(3) 直流电压应用什么表去测量? 正弦交流电压有效值应用什么表去测量?

(4) 图 1.1.6 所示放大器,若三极管 $\beta = 100$,$U_{BE} = 0.7$ V,$U_E = 1$ V,计算:

① 静态时 U_B、U_C 的数值;

② R_{b1} 的数值;

③ 放大器的 A_u、R_i 和 R_o。

(5) 熟悉示波器、函数发生器、直流稳压电源、交流毫伏表的使用方法。

1.1.5　思考题

(1) 将图 1.1.1 电路中 NPN 管换为 PNP 管,试问:

　　① 电路应做哪些改动才能正常工作?

　　② PNP 管共射放大器,饱和失真、截止失真输出电压波形是怎样的?

　　(2) 图 1.1.6 放大电路,上偏置电阻 R_{b1} 中接有 R_1 的目的是什么?

　　(3) 分压式偏置电路中,偏置电阻 R_{b1}、R_{b2} 的大小对稳定静态工作点的程度和输入电阻的大小有何影响?

　　(4) 共射放大器的 f_H 和 f_L 与哪些因素有关?

　　(5) 图 1.1.6 所示放大器,假设三极管饱和压降 $U_{CES}=0$,穿透电流 $I_{CEO}=0$,能否估算出该电路最大不失真输出电压的有效值 U_{omax} 为多大?(提示:静态工作点设置在交流负载线中间。)

1.1.6　实验仪器和器材

　　(1) 电子技术实验箱 MS-ⅢA 型(含直流稳压电源)1 台;

　　(2) 双踪示波器 4318 型 1 台;

　　(3) 函数发生器 1641B 型 1 台;

　　(4) 交流毫伏表 1 只;

　　(5) 数字万用表 1 只。

1.2(实验 2)　场效应管放大器

1.2.1　实验目的

　　(1) 了解场效应管的特点,掌握场效应管放大器静态工作点的调试及主要性能指标的测量方法。

　　(2) 进一步掌握常用电子仪器的使用方法。

　　(3) 学会高输入电阻放大器的输入电阻的测量方法。

1.2.2　实验原理

　　场效应管与双极型晶体管比较,它为电压控制型元件,具有输入阻抗高、噪声小、温度稳定性好和抗辐射能力强等优点。场效应管的不足之处是共源跨导数值比较低。MOS 场效应管的绝缘层很薄,容易被感应电荷击穿,因此在保存时应避免栅极悬空而把各电极短路,在用仪器测量参数或用烙铁焊接时,都必须使仪器、烙铁本身有良好的接地。

　　与双极型晶体管放大器一样,为使场效应管正常工作,也需要选择适当的直流偏置电路,以建立合适的静态工作点。

　　场效应管放大器有两种常用的直流偏置电路,以结型 N 沟道管为例,图 1.2.1(a)、(b)分别画出了自偏压电路和分压式自偏压电路。

　　自偏压电路只适用于耗尽型场效应管。静态工作点的计算可由下列各式决定:

$$U_{GS}=-I_D R_s$$

$$I_D=I_{DSS}\left(1-\frac{U_{GS}}{U_P}\right)^2$$

$$U_{DS}=V_{DD}-I_D(R_d+R_s)$$

式中：I_{DSS}为场效应管的漏极饱和电流；U_P为夹断电压。

可见，通过调整R_s的大小，可以改变静态工作点U_{GS}、I_D的大小。

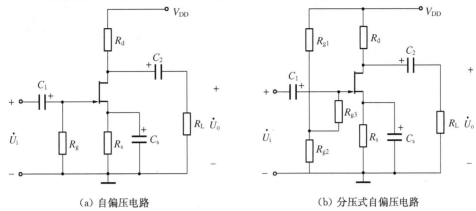

（a）自偏压电路　　　　　　　　　　（b）分压式自偏压电路

图 1.2.1　场效应管放大器的两种偏置电路

分压式自偏压电路静态工作点的计算由下列各式决定：

$$U_{GS}=\frac{R_{g2}}{R_{g1}+R_{g2}}V_{DD}-I_DR_s$$

$$I_D=I_{DSS}\left(1-\frac{U_{GS}}{U_P}\right)^2$$

$$U_{DS}=V_{DD}-I_D(R_d+R_s)$$

通过改变R_s和R_{g1}的大小，可以调整静态工作点。

由于电阻R_s起电流负反馈作用，这两种偏置电路都具有稳定静态工作点的能力。

场效应管放大器有共源、共漏和共栅三种组态。

本实验采用结型场效应管构成共源放大器，采用自偏压偏置电路，如图 1.2.2 所示，其电压放大倍数$\dot{A}_u$、输入电阻R_i、输出电阻R_o分别为：

$$\dot{A}_u=\frac{\dot{U}_o}{\dot{U}_i}=-g_mR'_L$$

$$R_i=R_g$$

$$R_o=R_d$$

式中：$R'_L=R_d/\!/R_L$。

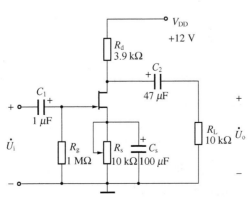

图 1.2.2　共源放大器

A_u、R_o 的测量方法与实验 1 中基本相同。

由于场效应管放大器的输入电阻非常高,测量放大器输入电阻时,若仍直接测量采样电阻 R 两端对地电压 U_s 和 U_i 来换算 R_i 的话,则会产生一个问题,就是测量所用电压表的内阻必须远大于放大器的输入电阻 R_i,否则会产生较大的测量误差。为了消除误差,可以采用通过测量放大器的输出电压来换算输入电阻的 R_i 方法。图 1.2.3 为测量高输入电阻的原理图。

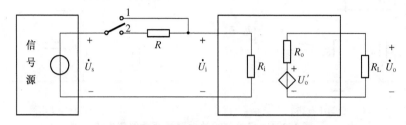

图 1.2.3　测量高输入电阻的电路

测量步骤是:先将开关置于 1,输入信号电压 $U_i=U_s$,测量相应的输出电压 U_{o1},$U_{o1}=A_uU_s$;然后将开关置于 2,测量相应的输出电压 U_{o2},$U_{o2}=A_uU_i=A_uU_sR_i/(R+R_i)$,因为两次测量中 A_u 和 U_s 是不变的,所以可得:

$$R_i=\frac{U_{o2}}{U_{o1}-U_{o2}}R$$

1.2.3　实验内容

1)调整及测量放大器静态工作点

按照图 1.2.2 接好电路。在漏极支路中串接万用表直流电流 2 mA 挡,检查无误后接通 12 V 电源。

调节源极电位器 R_s,使静态时漏极电流 $I_D=0.8$ mA,然后用万用表测量 U_D、U_S、U_G,且计算出 U_{GS}、U_{DS},数据记录于表 1.2.1。

表 1.2.1　测量数据一

I_D(mA)	U_D(V)	U_S(V)	U_G(V)	$U_{GS}=U_G-U_S$(V)	$U_{DS}=U_D-U_S$(V)

2)测量放大器动态技术指标 A_u、R_i、R_o

(1)函数发生器输出正弦信号,频率 $f=1\ 000$ Hz,函数发生器的输出接至放大器的输入端,调节函数发生器的输出电压的大小,使 $U_i=U_s=100$ mV,测量 U_o(R_L 接入),U_o'(R_L 未接入)。注意此时 U_o 即为 U_{o1}。

实验时,信号电压的大小用交流毫伏表测量,用示波器观察 u_i 和 u_o 的波形,注意应在输出波形不失真的条件下进行测量。若有波形失真,应减小信号电压 U_i。

(2)将函数发生器的输出经 R 接至放大器的输入端,保持函数发生器的输出电压 $U_s=100$ mV,测量此时放大器的输出电压,即为 U_{o2}。

记录实验数据于表 1.2.2 中,且计算出放大器的放大倍数 A_u、输入电阻 R_i 和输出电阻 R_o。

表 1.2.2 测量数据二

	$U_i(\text{mV})$	
测量值	$U_o(U_{o1})(\text{mV})$	
	$U_o'(\text{mV})$	
	$U_{o2}(\text{mV})$	
计算值	$A_u=\dfrac{U_o}{U_i}$	
	$R_i=\dfrac{U_{o2}}{U_{o1}-U_{o2}}R(\text{k}\Omega)$ $R=510\text{ k}\Omega$	
	$R_o=\dfrac{U_o'-U_o}{U_o}R_L(\text{k}\Omega)$	

3）测量放大器的上限频率 f_H，下限频率 f_L

维持放大器输入信号电压 $U_i=100\text{ mV}$，分别增大、减小信号频率，直至放大器输出电压降至 $0.707U_o$（中频 $f=1\text{ kHz}$ 时 U_o 前面已测得），测出对应的上限频率 f_H 和下限频率 f_L。

4）测量放大器的最大不失真输出电压

轮流调节 R_S 和 U_i 的大小，使放大器输出电压 u_o 的波形为最大不失真的正弦波（如同时出现正、负向削波失真，应减小 U_i），测出最大不失真输出电压 U_{omax}（有效值）。

1.2.4 预习要求

（1）了解场效应管的各种类型。

（2）了解场效应管放大器两种偏置电路各适用于什么场合。

（3）了解高输入电阻放大器输入电阻的测量方法。

（4）图 1.2.2 示电路，若已知结型场效应管的漏极饱和电流 $I_{DSS}=10.5\text{ mA}$，夹断电压 $U_P=-2.5\text{ V}$，共源跨导 $g_m=2.6\text{ mA/V}$，计算：

① 当静态 $I_D=0.5\text{ mA}$ 时，R_S、U_{GS}、U_{DS} 的数值。

② 电压放大倍数 A_u 的数值。

1.2.5 思考题

（1）能否用万用表判别结型场效应管的沟道类型及好坏？若可以，请说明判别方法。

（2）用万用表的直流电压挡直接测量场效应管的 U_{GS}，有什么缺点？

（3）如果不用电流表串接在漏极支路来测量 I_D，能否通过测量电极的电位来间接测量 I_D，若能，应如何测量？

（4）图 1.2.4（a）中，不能用交流毫伏表测量 U_i，图 1.2.4（b）中，可以用交流毫伏表测量 U_i，这是为什么？

（5）为什么场效应管放大器的输入耦合电容的容量和双极型三极管放大器相比，可以选用的较小？

图 1.2.4　思考题(4)用图

1.2.6　实验仪器和器材

(1) 电子技术实验箱 MS-ⅢA 型(含直流稳压电源)1 台；

(2) 双踪示波器 4318 型 1 台；

(3) 函数发生器 1641B 型 1 台；

(4) 交流毫伏表 1 只；

(5) 数字万用表 1 只。

1.3(实验 3)　差动放大器

1.3.1　实验目的

(1) 熟悉差动放大器的基本电路和性能特点。

(2) 掌握差动放大器静态工作点的调整方法。

(3) 掌握差动放大器主要技术指标的测量方法。

1.3.2　实验原理

图 1.3.1 所示电路是基本的差动放大器。该电路的静态工作点由 R_e、$-V_{EE}$ 决定，在忽略 R_b 上压降的条件下，两管的静态工作电流是 $I_{C1}=I_{C2}=\dfrac{1}{2}\dfrac{-U_{BE}-(-V_{EE})}{R_e}$。由于电路结

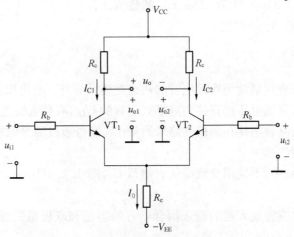

图 1.3.1　差动放大器

构的对称性,无论温度的变化,还是电源的波动,对 VT_1、VT_2 的影响都是一样的;此外,利用 R_e 对共模信号的负反馈作用,因此差动放大器能有效地抑制零点漂移,对共模输入信号的放大倍数很小,对差模输入信号的放大倍数很大,有很高的共模抑制比。

1) 输入信号

(1) 差模输入

差模输入是指在差动放大器的两个输入端加数值相等、极性相反的两个信号,即 $u_{i1} = -u_{i2}$。

差模输入信号为两输入信号之差为 $u_{id} = u_{i1} - u_{i2} = 2u_{i1} = -2u_{i2}$。

(2) 共模输入

共模输入是指在差动放大器的两个输入端加有数值相等、极性相同的两个信号,即 $u_{i1} = u_{i2}$。

共模输入信号为 $u_{ic} = u_{i1} = u_{i2}$。

(3) 一般输入

一般情况下,差动放大器的两个输入端可以加有两个数值不等、极性不同(或相同)的信号,即 $u_{i1} \neq u_{i2}$,这时可以把输入信号看成为既有差模输入信号 u_{id}、又有共模输入信号 u_{ic},其大小为:

$$u_{id} = u_{i1} - u_{i2}$$
$$u_{ic} = \frac{1}{2}(u_{i1} + u_{i2})$$

2) 输入、输出信号的连接方式

差动放大器共有 4 种输入、输出信号的连接方式,即单端输入-单端输出、单端输入-双端输出、双端输入-单端输出、双端输入-双端输出。

(1) 单端输入:在一个输入端与地之间加有输入信号,另一个输入端接地。

(2) 双端输入:分别在两个输入端与地之间加有输入信号。

(3) 单端输出:在 VT_1 或 VT_2 管集电极与地之间输出。

(4) 双端输出:在两管集电极之间输出。

3) 差模电压放大倍数、共模电压放大倍数、输出信号

对于图 1.3.1 所示电路,单端输出差模电压放大倍数 A_{ud1}、A_{ud2} 和双端输出差模电压放大倍数 A_{ud} 分别为:

$$A_{ud1} = \frac{u_{od1}}{u_{id}} = \frac{-\beta R_c}{2(R_b + r_{be})}$$

$$A_{ud2} = \frac{u_{od2}}{u_{id}} = \frac{\beta R_c}{2(R_b + r_{be})}$$

$$A_{ud} = \frac{u_{od}}{u_{id}} = \frac{-\beta R_c}{R_b + r_{be}}$$

单端输出共模电压放大倍数 A_{uc1}、A_{uc2} 和双端输出共模放大倍数 A_{uc} 分别为:

$$A_{uc1} = A_{uc2} = \frac{u_{oc1}}{u_{ic}} = \frac{u_{oc2}}{u_{ic}} = \frac{-\beta R_c}{R_b + r_{be} + (1+\beta)2R_e}$$

$$A_{uc} = \frac{u_{oc}}{u_{ic}} = 0$$

在一般输入情况下,单端输出差动放大器的输出电压 u_{o1}、u_{o2} 和双端输出差动放大器的输出电压 u_o 分别为:

$$u_{o1} = A_{ud1} u_{id} + A_{uc1} u_{ic}$$
$$u_{o2} = A_{ud2} u_{id} + A_{uc2} u_{ic}$$
$$u_o = A_{ud} u_{id} + A_{uc} u_{ic}$$

通常,由于差动放大器的差模电压放大倍数很大,共模电压放大倍数很小,因此可以认为差动放大器只放大输入信号中的差模分量。

4) 共模抑制比 K_{CMR}

差动放大器的共模抑制比为差模电压放大倍数与共模电压放大倍数之比。对于图 1.3.1 所示电路,单端输出和双端输出差动放大器的共模抑制比分别为:

$$K_{CMR1} = K_{CMR2} = \left| \frac{A_{ud1}}{A_{uc1}} \right| = \left| \frac{A_{ud2}}{A_{uc2}} \right| \approx \frac{\beta R_e}{R_b + r_{be}}$$

$$K_{CMR} = \left| \frac{A_{ud}}{A_{uc}} \right| = \infty$$

工程上共模抑制比一般采用分贝(dB)表示,即 $K_{CMR}(dB) = 20 \lg K_{CMR}$。

为了改善差动放大器的性能,提高共模抑制比,可以采用恒流源(具有直流电阻小,交流电阻大的特点)来代替图 1.3.1 中的 R_e,即采用具有恒流源的差动放大器(见图 1.3.3)。

1.3.3　实验内容

1) 基本的差动放大器

(1) 调零,测量静态工作点

按照图 1.3.2 连接好差动放大器,将差动放大器两个输入端 1、2 接地,调节调零电位器 R_P,使三极管 VT_1、VT_2 的集电极电位 U_{C1}、U_{C2} 相等。测量 VT_1、VT_2 管基极电位 U_{B1}、U_{B2},发射极电位 U_{E1}、U_{E2},集电极电位 U_{C1}、U_{C2},数据记录于表 1.3.1 中。

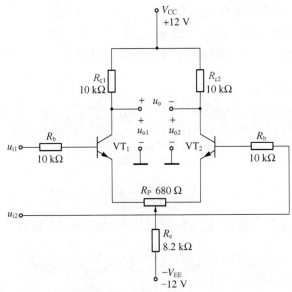

图 1.3.2　基本的差动放大器

表 1.3.1　静态工作点

测量值						计算值
U_{B1}(V)	U_{B2}(V)	U_{E1}(V)	U_{E2}(V)	U_{C1}(V)	U_{C2}(V)	$I_{C1}=I_{C2}=\dfrac{V_{CC}-U_C}{R_C}$(mA)

（2）测量差模电压放大倍数

本实验中，在输入端加直流信号情况下测量电压放大倍数。

在差动放大器两输入端加大小相等、极性相反的直流信号 $u_{i1}=0.2$ V，$u_{i2}=-0.2$ V，则差模输入信号为 $u_{id}=u_{i1}-u_{i2}=0.4$ V，测量两管集电极电位 U'_{C1}、U'_{C2}。注意此时 U'_{C1}、U'_{C2} 分别与静态时 U_{C1}、U_{C2} 的差值（变化量）才是输出信号 u_{od1}、u_{od2}，计算出 u_{od1}、u_{od2}、u_{od}，数据记录于表 1.3.2 中。

表 1.3.2　差模输入下输入、输出信号

u_{i1}(V)	u_{i2}(V)	u_{id}(V)	U'_{C1}(V)	U'_{C2}(V)	$u_{od1}=U'_{C1}-U_{C1}$(V)	$u_{od2}=U'_{C2}-U_{C2}$(V)	$u_{od}=u_{od1}-u_{od2}$(V)

计算：$A_{ud1}=u_{od1}/u_{id}$，$A_{ud2}=u_{od2}/u_{id}$，$A_{ud}=u_{od}/u_{id}$。

（3）测量共模电压放大倍数

在差动放大器两输入端加大小相等、极性相同的直流信号 $u_{i1}=u_{i2}=0.5$ V。则共模输入信号 $u_{ic}=u_{i1}=u_{i2}=0.5$ V。此时测量两管集电极电位 U'_{C1}、U'_{C2}，同样 U'_{C1}、U'_{C2}，分别与静态时 U_{C1}、U_{C2} 的差值才是输出信号 u_{oc1}、u_{oc2}，数据记录于表 1.3.3 中。

表 1.3.3　共模输入下输入、输出信号

u_{i1}(V)	u_{i2}(V)	u_{ic}(V)	U'_{C1}(V)	U'_{C2}(V)	$u_{oc1}=U'_{C1}-U_{C1}$(V)	$u_{oc2}=U'_{C2}-U_{C2}$(V)	$u_{oc}=u_{oc1}-u_{oc2}$(V)

计算：$A_{uc1}=u_{oc1}/u_{ic}$，$A_{uc2}=u_{oc2}/u_{ic}$，$A_{uc}=u_{oc}/u_{ic}$。

（4）共模抑制比

由实验内容 2、3 的结果，计算出共模抑制比

$$K_{CMR1}=\left|\frac{A_{ud1}}{A_{uc1}}\right|$$

$$K_{CMR2}=\left|\frac{A_{ud2}}{A_{uc2}}\right|$$

$$K_{CMR}=\left|\frac{A_{ud}}{A_{uc}}\right|$$

（5）观察差动放大器的电压传输特性 $u_{o1}=f(u_{i1})$

将差动放大器接成单端输入形式，输入信号 u_{i1} 为正弦信号，有效值 $U_{i1}\approx0.2$ V，频率 $f=1$ kHz，输入信号 $u_{i2}=0$（即 2 端接地）。

　　将 u_{i1} 接至示波器 CH$_1$ 通道，u_{o1} 接至示波器 CH$_2$ 通道，示波器先采用双踪显示方式，观察输入 u_{i1}、输出 u_{o1} 的波形，且注意 u_{i1} 与 u_{o1} 的相位关系。再采用 X－Y 方式，观察电压传输特性 $u_{o1}=f(u_{i1})$ 并记录下来，根据传输特性曲线的斜率，决定差模电压放大倍数。

　　注意，在此输入方式下，既有差模输入信号，又有共模输入信号，由于共模抑制比高，可以近似认为差动放大器的输出只放大了信号中的差模分量。

　　若增大输入信号 U_{i1} 的数值，观察电压传输特性曲线形状有何变化。

　　2）具有恒流源的差动放大器

　　具有恒流源的差动放大器电路如图 1.3.3 所示，实验内容、方法及要求同 1）。

1.3.4　预习要求

　　（1）了解差动放大器性能的主要特点。

　　（2）了解差模输入、共模输入、差模电压放大倍数、共模电压放大倍数的概念以及差动放大器输入信号、输出信号的连接方式。

　　（3）对图 1.3.2 所示电路，设三极管的 $\beta=60$，计算：

　　① 静态时三极管 VT$_1$、VT$_2$ 的集电极电流 I_{C1}、I_{C2}，集电极电位 U_{C1}、U_{C2}。

　　② 差模电压放大倍数 A_{ud1}、A_{ud2}、A_{ud}。

　　③ 共模电压放大倍数 A_{uc1}、A_{uc2}。（计算时应考虑 R_P 的影响，假定活动头在中间位置）

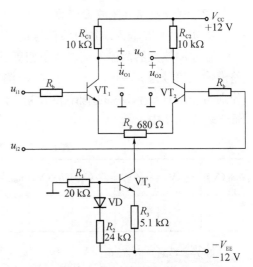

图 1.3.3　具有恒流源的差动放大器

1.3.5　思考题

　　（1）差动放大器差模电压放大倍数大，共模电压放大倍数小，共模抑制比高，原因是什么？

　　（2）本实验中差动放大器可以放大直流输入信号，而实验 1 单管放大器能否放大直流输入信号？理由是什么？

　　（3）实验内容 1）（5）中，差模输入信号是多大？共模输入信号是多大？按实验中得到的差模电压放大倍数和共模电压放大倍数，计算此时的输出 U_{o1} 为多大？

　　（4）具有恒流源的差动放大器与基本的差动放大器相比较，共模抑制比的大小有何变化，原因是什么？

1.3.6　实验仪器和器材

　　（1）电子技术实验箱 MS－ⅢA 型（含直流稳压电源）1 台；

　　（2）双踪示波器 4318 型 1 台；

　　（3）函数发生器 1641B 型 1 台；

　　（4）交流毫伏表 1 只；

　　（5）数字万用表 1 只。

1.4（实验4） 负反馈放大器

1.4.1 实验目的

（1）熟悉负反馈放大器的反馈类型。
（2）加深理解负反馈对放大器各项性能指标的影响。
（3）进一步掌握对放大器各项性能指标的测试方法。

1.4.2 实验原理

为了改善放大器的性能，通常总是在放大器中引入负反馈，根据输出端取样方式和输入端比较方式的不同，负反馈放大器可分为四种类型：电压串联负反馈、电压并联负反馈、电流串联负反馈和电流并联负反馈。

引入负反馈以后，虽然使放大器的放大倍数下降，但是放大器的各项性能指标得到了改善，如提高放大倍数的稳定性，改变放大器的输入电阻和输出电阻（串联负反馈使输入电阻增大，并联负反馈使输入电阻减小；电压负反馈使输出电阻减小，电流负反馈使输出电阻增大），展宽频带，减小放大器的非线性失真等。而放大器性能改善的程度均取决于反馈深度的大小。

图1.4.1所示电路为具有负反馈的两级阻容耦合放大器，电路中通过 R_f 进行电压取样，在第1级 VT_1 管射极电阻 R_{e1} 上形成反馈电压 $\dot{U}_f$。$\dot{U}_f$ 与 $\dot{U}_i$ 是串联形式，再根据瞬时极性法判断可知，引入负反馈后，输入端净输入电压 $\dot{U}_{id}$ 减小，因此该电路是电压串联负反馈。

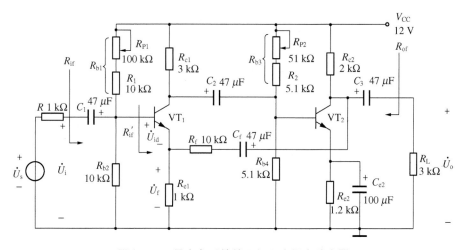

图1.4.1 具有负反馈的两级阻容耦合放大器

该负反馈放大器的主要技术指标包括反馈系数 F_u、闭环电压放大倍数 A_{uf}、输入电阻 R_{if}、输出电阻 R_{of}、上限转折频率 f_{Hf}、下限转折频率 f_{Lf}，分别为：

$$F_u = \frac{U_f}{U_o} = \frac{R_{e1}}{R_{e1} + R_f}$$

$$A_{uf} = \frac{A_u}{1 + A_u F_u}$$

式中：$A_u = U_o / U_i$ 为基本放大器的电压放大倍数，即开环电压放大倍数。

$$R'_{if} = (1 + A_u F_u) R'_i$$

$$R_{if} = R'_{if} \mathbin{/\mkern-5mu/} R_{b1} \mathbin{/\mkern-5mu/} R_{b2}$$

式中：R'_{if} 和 R'_i 分别为反馈放大器和基本放大器中由 VT_1 管基极与地之间看进去的输入电阻，由于串联负反馈，R'_{if} 的数值比 R'_i 增大了 $(1 + A_u F_u)$ 倍，而不在反馈环内的偏置电阻 R_{b1}、R_{b2}，反馈对其没有影响，因此电路的输入电阻 R_{if} 为 R'_{if} 并联 R_{b1}、R_{b2} 后的数值。

$$R_{of} = \frac{R_o}{1 + A'_u F_u}$$

式中：R_o 为基本放大器的输出电阻；$A'_u = U'_o / U_i$ 为基本放大器不接负载电阻 R_L 时的电压放大倍数。

$$f_{Hf} = (1 + A_u F_u) f_H$$

$$f_{Lf} = \frac{f_L}{1 + A_u F_u}$$

式中：f_H 和 f_L 分别为基本放大器的上限和下限转折频率。

图 1.4.1 所示负反馈放大器的基本放大器如图 1.4.2 所示。画基本放大器时，不是由负反馈放大器简单地去除反馈元件就行，而是要考虑反馈网络的影响（负载效应）。具体是，画输入回路时，因为是电压反馈，应将负反馈放大器的输出端交流短路，即令 $U_o = 0$，此时 R_f 相当于并联在 R_{e1} 两端；画输出回路时，由于输入端是串联反馈，应将负反馈放大器输入端（VT_1 管的发射极）开路，此时相当于 $(R_f + R_{e1})$ 并联在放大器的输出端。

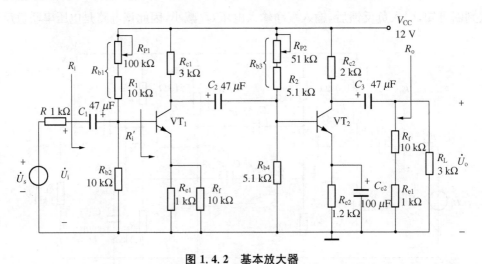

图 1.4.2　基本放大器

1.4.3　实验内容

1）调整及测量负反馈放大器静态工作点

按图 1.4.1 示电路接线，令 $U_s = 0$。

调节 R_{P1}，使三极管 VT_1 集电极电流 $I_{C1} = 1\,\text{mA}$（可将直流电流表串接入三极管集电极支路进行电流的测量）。

调节 R_{P2}，使三极管 VT_2 集电极电流 $I_{C2}=2$ mA，同时测量此时 VT_1、VT_2 管的各电极电位 U_B、U_E、U_C，记录数据于表 1.4.1 中。

表 1.4.1　测量数据一

三极管	I_C(mA)	U_B(V)	U_E(V)	U_C(V)	$U_{BE}=U_B-U_E$(V)	$U_{CE}=U_C-U_E$(V)
VT_1						
VT_2						

2）测量负反馈放大器主要性能指标

（1）放大倍数 A_{uf}、输入电阻 R_{if}、输出电阻 R_{of} 的测量

函数发生器输出 u_s 为正弦交流信号，频率 $f=1$ kHz，调节 U_s 的大小，使输入电压 $U_i=5$ mV，测量 U_s、U_o（R_L 接入）、U'_o（R_L 不接入），记录数据，填入表 1.4.2 中。

实验时用示波器观察 u_i、u_o 的波形，若 u_o 波形失真，则应减小 U_i 的数值。

表 1.4.2　测量数据二

测量值	U_i(mV)	
	U_s(mV)	
	U_o(mV)	
	U'_o(mV)	
	f_{Hf}(kHz)	
	f_{Lf}(Hz)	
计算值	$A_{uf}=\dfrac{U_o}{U_i}$	
	$R_{if}=\dfrac{U_i}{U_s-U_i}R$(k$\Omega$)	
	$R_{of}=\dfrac{U'_o-U_o}{U_o}R_L$(k$\Omega$)	

（2）上限转折频率 f_{Hf}、下限转折频率 f_{Lf} 的测量

维持输入电压 $U_i=5$ mV，分别增大、减小信号的频率，直至输出电压降至 $0.707U_o$ 时，测量相应的上限转折频率和下限转折频率。测量结果记录于表 1.4.2 中。

3）测量基本放大器主要性能指标

（1）放大倍数 A_u、输入电阻 R_i、输出电阻 R_o 的测量

按图 1.4.2 所示电路接线，测量方法同上述负反馈放大器，数据记录于表 1.4.3 中。

（2）上限转折频率 f_H、下限转折频率 f_L 的测量

测量方法同上述负反馈放大器，数据记录于表 1.4.3 中。

表 1.4.3 测量数据三

测量值	$U_i(\text{mV})$	
	$U_s(\text{mV})$	
	$U_o(\text{mV})$	
	$U_o'(\text{mV})$	
	$f_H(\text{kHz})$	
	$f_L(\text{Hz})$	
计算值	$A_u = \dfrac{U_o}{U_i}$	
	$R_i = \dfrac{U_i}{U_s - U_i} R(\text{k}\Omega)$	
	$R_o = \dfrac{U_o' - U_o}{U_o} R_L(\text{k}\Omega)$	

4）观察负反馈对非线性失真的改善

（1）观察基本放大器的输出波形

图 1.4.2 所示电路，放大器输入正弦交流信号，频率 $f=1\text{ kHz}$，逐步加大输入信号 U_i 的数值，使输出信号波形稍微失真，记下此时输出电压 u_o 的波形和输出电压的峰-峰值 $U_{op\text{-}p}$。

（2）观察负反馈放大器的输出波形

图 1.4.1 所示电路，加大输入信号 U_i 的数值，使输出电压峰-峰值 $U_{op\text{-}p}$ 与上述基本放大器中相同，记下输出电压 u_o 的波形，与无反馈时相比较，输出电压波形失真程度有何变化。

1.4.4 预习要求

（1）了解负反馈放大器的反馈类型及其判别方法。

（2）了解负反馈对放大器性能的影响。

（3）了解如何由负反馈放大器画出基本放大器。

（4）对图 1.4.1 所示负反馈放大器，计算出反馈系数 F_u，并在深度负反馈条件下，估算出电压放大倍数 A_{uf}。

（5）对图 1.4.2 所示基本放大器，若三极管的 $\beta=100$，$I_{C1}=1\text{ mA}$，$I_{C2}=2\text{ mA}$，计算出放大器的 A_u、R_i、R_o。

1.4.5 思考题

（1）根据实验结果，验算 A_{uf}、R_{if}、R_{of}、f_{Hf}、f_{Lf} 与 A_u、R_i、R_o、f_H、f_L 是否相差 $1+A_uF_u$（或 $1+A_u'F_u$）倍。如有的不是，理由是什么？

（2）如果输入信号本身有失真，能否通过负反馈来改善输出信号的失真程度？理由是什么？

（3）欲将图 1.4.1 所示电路的输入电阻 R_{if} 增大（例如 50 kΩ 以上），电路应如何改动？

（4）欲将图 1.4.1 所示电路改为电流串联负反馈，电路应如何改动？

1.4.6　实验仪器和器材

（1）电子技术实验箱 MS-ⅢA 型（含直流稳压电源）1 台；

（2）双踪示波器 4318 型 1 台；

（3）函数发生器 1641B 型 1 台；

（4）交流毫伏表 1 只；

（5）数字万用表 1 只；

1.5（实验 5）　集成运算放大器的线性应用

1.5.1　实验目的

（1）深刻理解集成运算放大器工作在线性工作区时，遵循的两条基本原则——虚短、虚断。

（2）熟悉集成运算放大器的线性应用。

（3）掌握比例运算、加法运算、减法运算、积分运算等电路。

1.5.2　实验原理

集成运算放大器是一种高电压放大倍数的多级直耦放大电路，在深度负反馈条件下，集成运放工作在线性工作区，它遵循两条基本原则：一是集成运放两个输入端之间电压接近于 0，即 $u_I = u_N - u_P \approx 0$（$u_N$、$u_P$ 分别是反相端、同相端电位），若把它理想化，则有 $u_I = 0$，$u_N = u_P$，但不是短路，故称之为虚短；二是集成运放两个输入端几乎不取用电流，即 $i_N = i_P \approx 0$，如把它理想化，则有 $i_N = i_P = 0$，但又不是断开，故称之为虚断。

在应用集成运放时，必须注意以下问题：由于集成运放由多级放大器组成，将其闭环构成深度负反馈时，可能产生自激振荡，使电路无法正常工作，所以必须在运放规定的引脚端接上相位补偿网络以消除自激振荡；在需要放大含直流分量信号的应用场合，为了补偿运放本身失调的影响，保证在集成运放闭环工作后，输入为 0 时输出为 0，必须采取调零措施；为了消除输入偏置电流的影响，通常将电路设计得集成运放两个输入端对地直流电阻相等。

集成运放的线性应用有比例、加法、减法、积分等运算电路。

1）比例运算电路

比例运算电路有反相输入和同相输入两种。

反相输入比例放大器如图 1.5.1 所示，该电路属于电压并联负反馈类型，运放的反相端具有虚地特性。

闭环电压放大倍数为：

$$A_{uf} = \frac{u_o}{u_i} = -\frac{R_f}{R_1}$$

反馈电阻 R_f 的值不能太大，否则会产生较大的噪声和漂移，一般为几十~几百千欧，R_1 的数值应远大于信号源的内阻，平衡电阻 $R_P = R_1 /\!/ R_f$，用以消除输入偏置电流的影响。

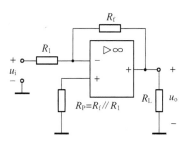

图 1.5.1　反相比例运算电路

当 $R_f = R_1$，则 $A_{uf} = -1$，电路为反相器。

反相输入比例运算放大器的电压传输特性如图 1.5.2 示。集成运放的最大输出电压幅度为 U_{OM}（一般比电源电压 V_{CC} 小 $1\sim2$ V），因此不失真放大时，输入信号的最大幅度为：

$$U_{Im} = \frac{U_{OM}}{|A_{uf}|} = \frac{U_{OM}}{R_f} R_1$$

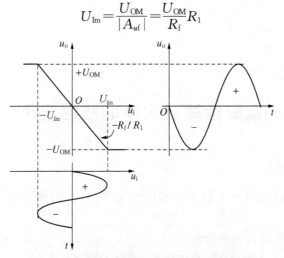

图 1.5.2 反相比例运算电路的电压传输特性

同相输入比例放大器如图 1.5.3(a)所示，它属于电压串联负反馈电路，其输入阻抗高，输出阻抗低，具有阻抗变换作用，广泛应用于前置级或缓冲级。

由虚短原则，该电路闭环电压放大倍数为：

$$A_{uf} = 1 + \frac{R_f}{R_1}$$

若 $R_f = 0$，$R_1 = \infty$，则 $A_{uf} = 1$，该电路输出电压与输入电压大小相等，相位相同，称为电压跟随器，如图 1.5.3(b)所示。

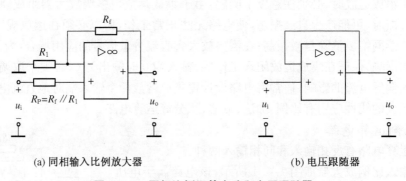

(a) 同相输入比例放大器   (b) 电压跟随器

图 1.5.3 同相比例运算电路和电压跟随器

和反相输入比例放大器一样，同相输入比例放大器不失真放大时，输入信号最大幅度也取决于 U_{OM} 和 A_{uf}。另外必须注意的是，由于输入信号加在同相端，根据虚短原则，反相端与同相端等电位，因此运放的两个输入端的共模输入信号就是输入信号 u_i，u_i 的数值不应超过运放的最大共模输入电压范围，同时为保证运算精度，应选用高共模抑制比的运算放大器。

2）加法运算

加法运算电路如图 1.5.4 所示，在反相输入比例运算电路的基础上增加几个输入支路便构成了反相输入加法运算电路。

根据叠加原理，可得输出电压：

$$u_o = -\left(\frac{R_f}{R_1}u_{i1} + \frac{R_f}{R_2}u_{i2} + \frac{R_f}{R_3}u_{i3}\right)$$

若 $R_1 = R_2 = R_3 = R_f$，则 $u_o = -(u_{i1} + u_{i2} + u_{i3})$。

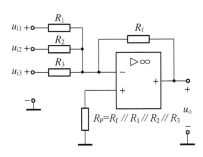 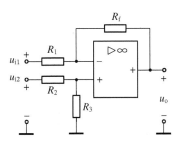

图 1.5.4　反相加法器　　　　　　　图 1.5.5　减法运算电路

3）减法运算

减法电路如图 1.5.5 所示，当 $R_1 = R_2$，$R_3 = R_f$ 时，根据叠加原理可得：

$$u_o = \frac{R_f}{R_1}(u_{i2} - u_{i1})$$

当 $R_1 = R_2 = R_3 = R_f$ 时，$u_o = u_{i2} - u_{i1}$。

应当注意的是，由于运放输入端存在有共模输入电压，因此应选用高共模抑制比的运算放大器，以提高电路的运算精度。

4）积分运算

积分运算的基本电路如图 1.5.6(a)所示，输出电压为：

$$u_o = -\frac{1}{RC}\int_0^t u_i\,dt$$

式中：RC 为积分的时间常数。

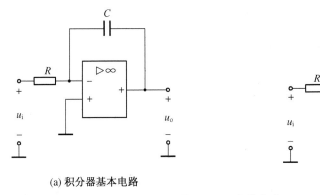

(a) 积分器基本电路　　　　　　　　　　　　(b) 积分器实际电路

图 1.5.6　积分电路

实际积分电路如图 1.5.6(b)所示。为限制电路的低频放大倍数，减少失调电压的影响,通常在反馈电容 C 两端并一电阻 R_f。当输入信号频率 f 远大于 $f_0=1/(2\pi R_f C)$ 时,电路为积分器,若输入信号频率 f 远小于 f_0 时,则电路为一个反相输入比例放大器,低频电压放大倍数限制为 $A_{uf}=-R_f/R$。

若在积分电路的输入加一对称方波信号,则其输出为对称三角波,波形关系如图 1.5.7 所示。设方波的峰-峰值为 $U_{ip\text{-}p}$,周期为 T,则三角波的峰-峰值为:

$$U_{op\text{-}p}=\frac{U_{ip\text{-}p}}{RC}\frac{T}{4}$$

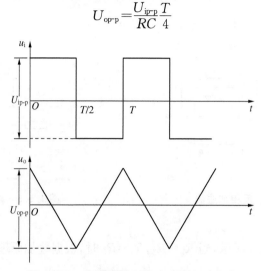

图 1.5.7　积分器输入方波和输出三角波

若在积分电路的输入加正弦信号 $u_i=U_{im}\sin \omega t$,则输出电压为:

$$u_o=-\frac{1}{RC}\int U_{im}\sin \omega t\,\mathrm{d}t=\frac{U_{im}}{\omega RC}\cos \omega t$$

1.5.3　实验内容

1) 反相输入比例运算电路

(1) 按图 1.5.1 所示电路接线,取运放电源电压 ±12 V(说明:本书中集成运放电源均采用 ±12 V,以后不再述及),$R_1=10$ kΩ,$R_f=100$ kΩ,$R_P=R_1/\!/R_f$,输入直流信号 U_i,测出输出电压 U_o 及反相端电位 U_N,测量结果填入表 1.5.1。

表 1.5.1　测量数据一

U_i(V)	1.0	0.6	0.3	0	−0.3	−0.6	−1
U_o(V)							
U_N(V)							
$A_{uf}=\dfrac{U_o}{U_i}$							

(2) 观察电压传输特性。输入信号为频率 $f=1$ kHz、有效值 $U_i=2$ V 的正弦交流电压,用示波器观察电压传输特性 $u_o=f(u_i)$,且测出电压传输特性转折点的坐标值,记录特性曲线及数据,计算出线性工作区直线的斜率(即电压放大倍数)。

2) 同相输入比例运算电路

按图 1.5.3(a)所示电路接线,取 $R_1=10\ \text{k}\Omega$,$R_f=100\ \text{k}\Omega$,输入直流信号 U_i,测出输出电压 U_o,同相端电位 U_P,反相端电位 U_N,记录测量结果填入表 1.5.2。

表 1.5.2　测量数据二

U_i(V)	0.9	0.6	0.3	0	−0.3	−0.6	−0.9
U_o(V)							
U_N(V)							
U_P(V)							
$A_{uf}=\dfrac{U_o}{U_i}$							

3) 加法器

(1) 设计且接好一加法器,实现 $u_o=-10(u_{i1}+u_{i2})$,实验时加直流输入信号 u_{i1}、u_{i2}(数值自己决定,但应保证运放工作在线性工作区),测出输出电压 u_o。

(2) 设计一加法器,实现 $u_o=-(10u_{i1}+20u_{i2})$,实验方法同上。

4) 减法器

设计且接好一减法器,实现 $u_o=-5(u_{i1}-u_{i2})$,实验时加直流输入信号 u_{i1}、u_{i2},测出相应的输出电压 u_o。

5) 积分器

按图 1.5.6(b)所示电路接线,取 $R=10\ \text{k}\Omega$,$C=0.1\ \mu\text{F}$,$R_f=1\ \text{M}\Omega$,$R_P=10\ \text{k}\Omega$。

(1) 输入加方波信号 u_i,频率 $f=500\ \text{Hz}$,峰-峰值 $U_{ip\text{-}p}=2\ \text{V}$,用示波器观察且记录输入波形 u_i 和输出波形 u_o,测出输出信号的峰-峰值 $U_{op\text{-}p}$,且与理论值相比较。

(2) 输入正弦信号,频率 $f=500\ \text{Hz}$,峰值 $U_{im}=1\ \text{V}$,用示波器观察且记录 u_i 和 u_o 的波形,指出 u_i 与 u_o 的相位关系,且测出输出信号的峰值 U_{om},与理论值相比较。

1.5.4　预习要求

(1) 掌握集成运算放大器在线性工作区工作的必要条件以及应遵循的两条基本原则。

(2) 掌握运算放大器在信号运算方面的应用电路及工作原理。

(3) 了解运算放大器在信号运算电路中工作在线性工作区,输入信号电压大小的范围。

(4) 对实验内容 5),计算电路 $f_0=1/(2\pi R_f C)$ 的数值及 $U_{op\text{-}p}$ 的理论值。

(5) 对要求设计的电路,决定出各电阻的数值。

1.5.5　思考题

(1) 理想集成运算放大器具有哪些特点?

(2) 运算放大器具有虚短、虚断的条件是什么? 你能否根据运算放大器输出电压的大小判断其是否存在虚短、虚断?

(3) 实验内容 1)、2)中,当 $U_i=2\ \text{V}$ 时,理论上分析反相端电位 U_N 应为多大?

(4) 图 1.5.6(b)电路,说明当输入信号频率远大于 $f_0=1/(2\pi R_f C)$ 时,电路为积分电路,输入信号频率远小于 f_0 时,则电路为一个反相输入比例放大器的理由。

（5）图1.5.6(a)示电路，如果将 R 和 C 的位置交换，则该电路的作用是什么？

1.5.6　实验仪器和器材

（1）电子技术实验箱 MS-ⅢA 型（含直流稳压电源）1台；
（2）双踪示波器 4318 型 1台；
（3）函数发生器 1641B 型 1台；
（4）交流毫伏表 1只；
（5）数字万用表 1只；
（6）集成运算放大器 OP07（μA741）1片。

1.6（实验6）　有源滤波器

1.6.1　实验目的

（1）掌握由集成运放构成的有源滤波器。
（2）进一步掌握频率特性的测试方法。
（3）学会绘制对数频率特性曲线。

1.6.2　实验原理

由运放和 RC 网络可以构成有源滤波器，与无源的 LC 滤波器相比较，它具有体积小、效率高、频率特性好等优点。

滤波器根据工作频率范围可分为低通、高通、带通和带阻四种类型，它们的幅频特性如图1.6.1所示。若按滤波器的传递函数 $\dot{A}_u(j\omega) = \dot{U}_o(j\omega)/\dot{U}_i(j\omega)$ 的分母阶数，可分为低阶（一阶、二阶）和高阶（三阶及以上）两种，阶数越高，其幅频特性通带外的衰减就越快，滤波效果就越好。

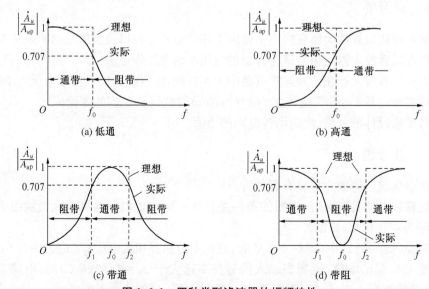

图1.6.1　四种类型滤波器的幅频特性

1）低通滤波器

一阶低通有源滤波器电路如图1.6.2(a)所示，它是由一级 RC 低通电路的输出再接上一个同相输入比例放大器构成。

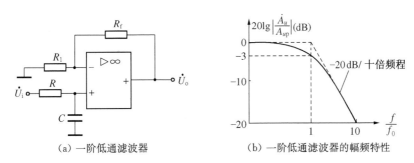

（a）一阶低通滤波器　　　　　（b）一阶低通滤波器的幅频特性

图 1.6.2　一阶低通滤波器及其幅频特性

该电路的传递函数为：

$$\dot{A}_u(\text{j}\omega)=\frac{\dot{U}_o(\text{j}\omega)}{\dot{U}_i(\text{j}\omega)}=\frac{1+\dfrac{R_f}{R_1}}{1+\dfrac{\text{j}\omega}{\omega_0}}=\frac{A_{up}}{1+\dfrac{\text{j}\omega}{\omega_0}}$$

通带内放大倍数为：

$$A_{up}=1+\frac{R_f}{R_1}$$

截止频率为：

$$f_0=\frac{1}{2\pi RC}$$

式中：ω_0 为截止角频率；$\omega_0=1/(RC)$。

该电路的幅频特性如图1.6.2(b)所示，通带以外的幅频特性曲线以 $-20\,\text{dB}$/十倍频衰减。

典型的二阶低通有源滤波器电路如图1.6.3(a)所示，由两级 RC 低通电路后接一同相

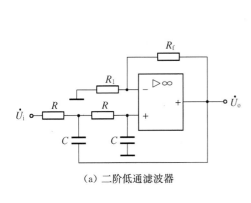

（a）二阶低通滤波器

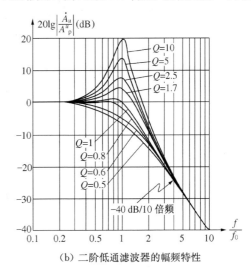

（b）二阶低通滤波器的幅频特性

图 1.6.3　二阶低通滤波器及其幅频特性

输入比例放大器构成。图中第 1 级电容 C 下端接至电路的输出端,其目的是改善在 $f/f_0 = 1$ 附近的滤波特性,这是因为在 $f/f_0 < 1$ 且接近于 1 的范围内,$\dot{U}_o$ 和 $\dot{U}_i$ 的相位差在 90°以内,该电容起正反馈作用,因而有利于提高这段范围内的输出幅度。

该电路的传递函数为:

$$\dot{A}_u(j\omega) = \frac{\dot{U}_o(j\omega)}{\dot{U}_i(j\omega)} = \frac{A_{up}}{\left(\dfrac{j\omega}{\omega_0}\right)^2 + \dfrac{1}{Q}\dfrac{j\omega}{\omega_0} + 1}$$

通带内放大倍数为:

$$A_{up} = 1 + \frac{R_f}{R_1}$$

截止频率为:

$$f_0 = \frac{1}{2\pi RC}$$

式中:$\omega_0 = 1/(RC)$,为截止角频率。

品质因数为:

$$Q = \frac{1}{3 - A_{up}}$$

Q 是 $f = f_0$ 时放大倍数与通带内放大倍数之比。

电路的幅频特性曲线如图 1.6.3(b)所示,不同的 Q 值,幅频特性曲线不同,通带外的幅频特性曲线以 -40 dB/10 倍频衰减。

必须指出,该电路 A_{up} 应小于 3,否则电路不能稳定工作。

若电路设计得使 $Q = 0.707$,即 $A_{up} = 3 - \sqrt{2}$,那么 $f = f_0$ 时,$20\lg\left|\dfrac{\dot{A}_u}{A_{up}}\right| = -3$ dB,该滤波电路的幅频特性在通带内有最大平坦度,称为巴特沃兹(Botterworth)滤波器。

例 低通滤波器设计实例。

要求设计一个低通滤波器,其截止频率为 500 Hz,Q 值为 0.707,$f \gg f_0$ 处的衰减速率不低于 30 dB/10 倍频。

首先,因为要求 $f \gg f_0$ 处的衰减速率不低于 30 dB/十倍频,确定滤波器的阶数为 2,然后根据 f_0 的值选择电容器容量,一般说来,滤波器中电容器容量要小于 1 μF,电阻器的阻值至少要求 kΩ 级。假设取 $C = 0.1$ μF,则根据 $f_0 = 1/(2\pi RC)$,即 $f_0 = 1/(2\pi R \times 0.1 \times 10^{-6}) = 500$ Hz,可求得 $R = 3\ 185$ Ω。

最后根据 Q 值求 R_1 和 R_f,因为 $Q = 0.707$,即 $1/(3 - A_{up}) = 0.707$,$A_{up} = 1.586$,又因为集成运放要求两个输入端的外接电阻对称,可得:

$$1 + \frac{R_f}{R_1} = 1.586$$

$$R_f /\!/ R_1 = R + R = 2R$$

可得:$R_1 = 17.06$ kΩ,$R_f = 10$ kΩ。

2)高通滤波器

将图 1.6.3(a)中 R 和 C 的位置互换,就构成了典型的二阶高通滤波器,如图 1.6.4(a)所示。

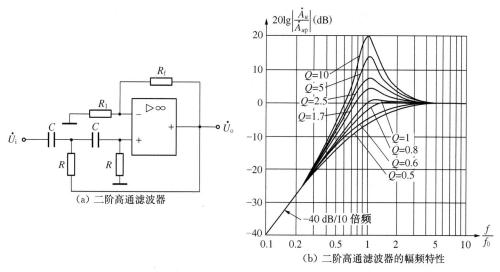

图 1.6.4　二阶高通滤波器及其幅频特性

该电路的传递函数为：

$$\dot{A}_u(\mathrm{j}\omega)=\frac{\dot{U}_o(\mathrm{j}\omega)}{\dot{U}_i(\mathrm{j}\omega)}=\frac{A_{up}\left(\dfrac{\mathrm{j}\omega}{\omega_0}\right)^2}{\left(\dfrac{\mathrm{j}\omega}{\omega_0}\right)^2+\dfrac{1}{Q}\dfrac{\mathrm{j}\omega}{\omega_0}+1}$$

该二阶高通滤波器的性能参数 A_{up}、f_0、Q 的含义及计算式同二阶低通滤波器。

二阶高通滤波器的幅频特性如图 1.6.4(b)所示，它与二阶低通滤波器的幅频特性曲线有"镜像"的关系。

1.6.3　实验内容

1）低通滤波器

(1) 一阶低通滤波器

① 按图 1.6.2(a)示电路设计出一个低通滤波器，要求该电路的截止频率 $f_0=1\ \mathrm{kHz}$，通带内放大倍数 $A_{up}=2$。

连接好电路。

② 测试滤波器的幅频特性。滤波器输入加正弦信号，维持信号 $U_i=3\ \mathrm{V}$（有效值），改变信号的频率，测量在不同频率下输出电压值 U_o，数据填入表 1.6.1。

表 1.6.1　测量数据

$U_i(\mathrm{V})$	3								
$f(\mathrm{Hz})$	100	200	500	800	1 000	1 200	1 500	5 000	10 000
$U_o(\mathrm{V})$									
$A_u=\dfrac{U_o}{U_i}$									
$20\lg\dfrac{A_u}{A_{up}}(\mathrm{dB})$									

画出滤波器幅频特性曲线。横坐标为 f,按 Hz 值的对数分度;纵坐标为 $20\lg(A_u/A_{up})$,按 dB 值线性分度。

由幅频特性曲线决定 -3 dB 频率,即截止频率 f_0 的实际值。

(2) 二阶低通滤波器

① 按图 1.6.3(a)接好电路,取 $R=33$ kΩ,$C=0.01$ μF,$R_1=27$ kΩ,$R_f=16$ kΩ。

② 测试滤波器的幅频特性。滤波器输入加正弦信号,维持信号 $U_i=4$ V(有效值),改变信号的频率,测量在不同频率下输出电压值 U_o,数据填入表 1.6.2。

表 1.6.2 测量数据

U_i(V)	4									
f(Hz)	20	100	200	300	400	500	600	1 000	5 000	10 000
U_o(V)										
$A_u=\dfrac{U_o}{U_i}$										
$20\lg\dfrac{A_u}{A_{up}}$(dB)										

画出滤波器幅频特性曲线,由幅频特性曲线决定 -3 dB 频率,即截止频率 f_0。

2) 高通滤波器

(1) 按图 1.6.4(a)接好电路,取 $R=33$ kΩ,$C=0.01$ μF,$R_1=27$ kΩ,$R_f=16$ kΩ。

(2) 测试滤波器的幅频特性。滤波器输入正弦信号,信号的大小和频率自行决定,参照表 1.6.1,画出记录表格,填入实验数据。

画出滤波器幅频特性曲线,且由幅频特性决定 -3 dB 频率,即截止频率 f_0。

1.6.4 预习要求

(1) 了解有源滤波器的分类及其滤波特性。

(2) 掌握有源滤波器的基本电路及其工作原理。

(3) 理论计算图 1.6.3(a)所示电路($R=33$ kΩ,$C=0.01$ μF,$R_1=27$ kΩ,$R_f=16$ kΩ)的截止频率 f_0。

1.6.5 思考题

(1) 图 1.6.3(a)电路($R=33$ kΩ,$C=0.01$ μF,$R_1=27$ kΩ,$R_f=16$ kΩ)是不是一个巴特沃兹型滤波器?

(2) 实验内容 1)中,若选择正弦输入信号 $U_i=6$ V(有效值),是否合适,为什么?

(3) 设计一个二阶高通巴特沃兹型有源滤波器,截止频率 $f_0=1$ kHz。

1.6.6 实验仪器和器材

(1) 电子技术实验箱 MS-ⅢA 型(含直流稳压电源)1 台;

(2) 双踪示波器 4318 型 1 台;

（3）函数发生器 1641B 型 1 台；

（4）交流毫伏表 1 只；

（5）数字万用表 1 只；

（6）集成运算放大器 OP07(μA741)1 片。

1.7（实验 7）　电压比较器

1.7.1　实验目的

（1）掌握集成运放在开环、正反馈下的特点。

（2）熟悉电压比较器的组成、工作原理及特性。

（3）掌握电压比较器的测试方法。

1.7.2　实验原理

1）集成运放在开环、正反馈下的特点

运放在开环或引入正反馈下，它工作在限幅区（非线性工作区），这时运放有两个重要特点：

（1）运放的两个输入端不取电流。

（2）运放的两个输入端不一定是等电位（是否等电位与输入信号大小有关），而当两个输入端等电位时，运放的输出状态发生翻转。即当 u_N 由小于 u_P 变至等于（稍大于）u_P 时，运放由正向限幅状态跃变为负向限幅状态；当 u_N 由大于 u_P 变至等于（稍小于）u_P 时，运放由负向限幅状态跃变为正向限幅状态。运放只是在正向限幅和负向限幅两种状态转换瞬间经过线性工作区。

2）电压比较器

电压比较器是集成运放非线性应用电路，它将一个电压信号和一个参考电压相比较，在二者幅度相等时，输出电压将跃变。电压比较器通常用于越限报警、波形变换及模数转换等场合。常用的电压比较器有开环比较器、滞回比较器和双限比较器。

（1）开环比较器

图 1.7.1(a)是将运算放大器在开环下应用构成一个电压比较器，输入电压 u_i 与参考电压 U_{REF} 相比较，其传输特性如图 1.7.1(b)所示。当 $u_i > U_{REF}$，则运放为正向限幅状态，输出

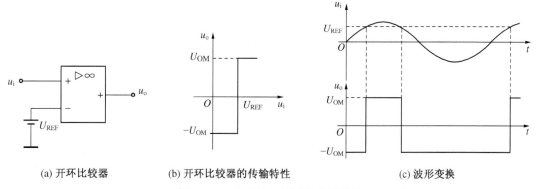

(a) 开环比较器　　　　(b) 开环比较器的传输特性　　　　(c) 波形变换

图 1.7.1　开环比较器及其传输特性

电压为 U_{OM}；当 $u_i<U_{REF}$，则运放为负向限幅状态，输出电压为 $-U_{OM}$。如果 $U_{REF}=0$，即输入电压与零电平相比较，则称之为过零比较器。

（2）滞回比较器

如果将集成运放引入正反馈，可以构成具有回线形状传输特性的滞回比较器。图 1.7.2(a)所示为一反相输入的滞回比较器，该电路当 $u_o=U_{OM}$ 时，上门限电压为：

$$U_{TH}=\frac{R_1}{R_1+R_f}U_{OM}$$

当 $u_o=-U_{OM}$ 时，下门限电压为：

$$U_{TL}=\frac{R_1}{R_1+R_f}(-U_{OM})$$

回差电压为：

$$\Delta U_T=U_{TH}-U_{TL}$$

因此，当 u_i 由小增大到等于 U_{TH} 时，运放由正向限幅状态翻转为负向限幅状态，而当 u_i 由大减小到等于 U_{TL} 时，运放由负向限幅状态翻转为正向限幅状态，电路的电压传输特性如图 1.7.2(b)所示。

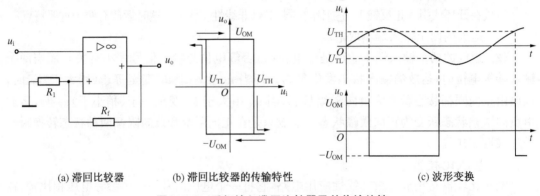

(a) 滞回比较器   (b) 滞回比较器的传输特性   (c) 波形变换

图 1.7.2　反相输入滞回比较器及其传输特性

如果图 1.7.1(a)和 1.7.2(a)中 u_i 为正弦波，则 u_o 为方波，如图 1.7.1(c)和图 1.7.2(c)所示，由此，比较器可以实现波形的变换。

若为了使输出电压的幅度被限制在 $\pm U_Z$，可采用双向稳压管 VD_Z，电路如图 1.7.3 所示，图中 R 是稳压管的限流电阻。

如果将输入信号由集成运放的同相输入端输入，则是一个同相输入的滞回比较器，电路如图 1.7.4 所示。

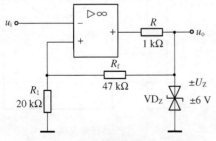

图 1.7.3　具有限幅的滞回比较器

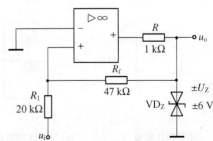

图 1.7.4　同相输入滞回比较器

（3）双限（窗口）比较器

开环比较器仅能鉴别输入电压 u_i 比参考电压 U_{REF} 高或低的情况，而双限比较器由两个开环比较器构成，如图 1.7.5（a）所示，它能指示出 u_i 的数值是否处于参考电压 U_{REF1} 和 U_{REF2} 之间（注意图中必须 $U_{REF1} > U_{REF2}$）。对于该电路，如果 $U_{REF2} < u_i < U_{REF1}$，则输出电压 u_o 等于运放正向限幅输出电压 U_{OM}（忽略了二极管正向压降）；如果 $u_i < U_{REF2}$ 或 $u_i > U_{REF1}$，则输出电压 u_o 等于运放的负向限幅输出电压 $-U_{OM}$（忽略了二极管正向压降）。双限比较器传输特性如图 1.7.5（b）所示。

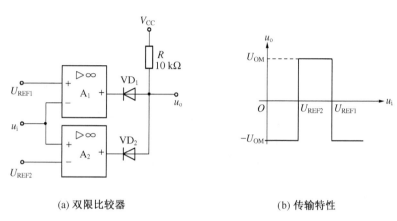

(a) 双限比较器　　　　　　　　　　(b) 传输特性

图 1.7.5　双限比较器及其传输特性

1.7.3　实验内容

1）开环比较器

按图 1.7.1（a）连接好电路，取 $V_{CC} = 12$ V，$U_{REF} = 1$ V。

（1）观察输入、输出波形。输入加正弦信号，频率 $f = 50$ Hz，峰-峰值 $U_{ip-p} = 6$ V。用示波器观察 u_i、u_o 的波形（注意将 u_i 接 CH_1，u_o 接 CH_2）。

（2）观察测量传输特性曲线。将示波器置于 X-Y 显示方式，观察传输特性曲线，测出传输特性曲线上输出电压的限幅值，以及输出电压发生跃变时对应的 u_i 的数值。

2）滞回比较器

按图 1.7.3 或图 1.7.4 连接好电路，实验方法同 1）。

（1）观察输入输出波形。

（2）观察测量传输特性曲线。

3）双限比较器

按图 1.7.5（a）连接好电路，取 $V_{CC} = 12$ V，$U_{REF1} = 2$ V，$U_{REF2} = 1$ V，实验方法同 1）。

（1）观察输入、输出波形。

（2）观察测量传输特性曲线。

4）设计一个滞回比较器电路，使其电压传输特性如图 1.7.6 所示，且实验观察测量传输特性曲线。

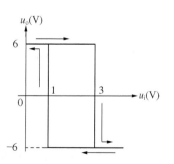

图 1.7.6　待设计电路的电压传输特性

1.7.4　预习要求

（1）了解集成运放在开环、正反馈下的基本特点。

（2）了解滞回比较器的基本电路及其工作原理。对图 1.7.4 同相输入滞回比较器，分析、画出电压传输特性 $u_o = f(u_i)$，且推导出上、下门限电压 U_{TH} 和 U_{TL} 的表达式。

（3）了解双限比较器的基本电路及其工作原理。对图 1.7.5(a)电路，了解分别在 $U_{REF2} < u_i < U_{REF1}$、$U_i < U_{REF2}$、$U_i > U_{REF1}$ 这三种情况下，集成运放 A₁、A₂ 的输出是正向限幅还是负向限幅状态，二极管 VD₁、VD₂ 是导通还是截止。

（4）复习示波器的 X－Y 显示、测量方法。

1.7.5　思考题

（1）图 1.7.3 示电路，实验时，输入正弦信号大小选择不当，如 $U_{ip-p} = 3\text{ V}$ 时，会有什么结果？

（2）在图 1.7.3 中，若将 R_1 的下端不接地，而是改接至参考电压 U_{REF}（如取 $U_{REF} = 1\text{ V}$），那么改变后电路的电压传输特性，与改变前相比较有何变化？

（3）图 1.7.4 同相输入滞回比较器的电压传输特性，与图 1.7.3 反向输入滞回比较器的相比较，有何不同？

（4）图 1.7.5(a)电路，如果 $U_{REF1} < U_{REF2}$，会有什么结果？

1.7.6　实验仪器和器材

（1）电子技术实验箱 MS-ⅢA 型（含直流稳压电源）1 台；

（2）双踪示波器 4318 型 1 台；

（3）函数发生器 1641B 型 1 台；

（4）交流毫伏表 1 台；

（5）数字万用表 1 只；

（6）集成运算放大器 OP07(μA741)2 片。

1.8（实验 8）　波形产生电路

1.8.1　实验目的

（1）掌握正弦波发生器、方波发生器、三角波发生器的电路及其工作原理。

（2）掌握波形发生电路参数的测量方法。

1.8.2　实验原理

波形发生电路是一种不需要外加输入信号而能自行产生信号的电路，根据信号波形的不同，分正弦波信号发生器、方波发生器、三角波发生器等。

1）方波发生器

方波发生器是一种能产生方波的信号发生电路，由于方波包含各次谐波分量，因此方波发生器又称为多谐振荡电路。

方波发生器的基本电路如图 1.8.1(a)所示。它是由一个反相输入的滞回比较器和一个 RC 积分电路组成,滞回比较器的传输特性参看图 1.7.2(b),上、下门限电压分别为

$\dfrac{R_1}{R_1+R_2}U_Z$ 和 $\dfrac{-R_1}{R_1+R_2}U_Z$。

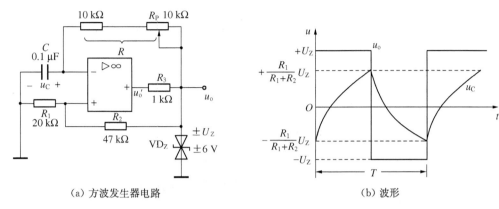

(a) 方波发生器电路　　　　　　(b) 波形

图 1.8.1　方波发生器及其波形

电路接通电源瞬时,电路的输出为正向限幅还是负向限幅纯属偶然,设输出处于正向限幅,即 $u_o=U_Z$ 时,则电容 C 充电,其上电压 u_C 按指数规律上升,当 u_C 上升到等于 $\dfrac{R_1}{R_1+R_2}U_Z$ 时,运放的输出翻转为负向限幅,$u_o=-U_Z$。若输出处于负向限幅,即 $u_o=-U_Z$ 时,则电容 C 放电,其上电压 u_C 按指数规律下降,当 u_C 下降到等于 $-\dfrac{R_1}{R_1+R_2}U_Z$ 时,运放的输出又翻转为正向限幅,如此循环不已,形成方波输出电压,波形图见图 1.8.1(b)所示。

由分析可知,输出方波的周期为:

$$T=2RC\ln\left(1+2\dfrac{R_1}{R_2}\right)$$

2) 占空比可变的矩形波发生器

通常将矩形波在一个周期内高电平的时间与周期之比称为占空比。图 1.8.1(a)电路所产生的方波占空比为 50%。如需要产生占空比可变为大于或小于 50% 的矩形波,只需将图 1.8.1(a)电路稍作改动,使电容 C 的充、放电时间常数不等即可,图 1.8.2(a)电路即为占空比可变的矩形波发生器。

当电位器 R_P 的活动头向 A 点移动时,电容 C 的充电时间常数大于放电时间常数(注意:C 充电时,VD_1 导通,VD_2 截止;C 放电时,VD_1 截止,VD_2 导通),矩形波占空比变大;反之,当 R_P 活动头向 B 点移动时,矩形波占空比变小。矩形波见图 1.8.2(b),占空比 $D=\dfrac{t}{T}$。

当 R_P 活动头移至 A 点时,在忽略二极管正向电阻条件下,得出:

$$t=(R_P+R_4)C\ln\left(1+2\dfrac{R_1}{R_2}\right)$$

$$T=(R_P+R_4)C\ln\left(1+2\dfrac{R_1}{R_2}\right)+R_4C\ln\left(1+2\dfrac{R_1}{R_2}\right)$$

当 R_P 活动头移至 B 点，相类地可自行写出 t、T 的计算式。

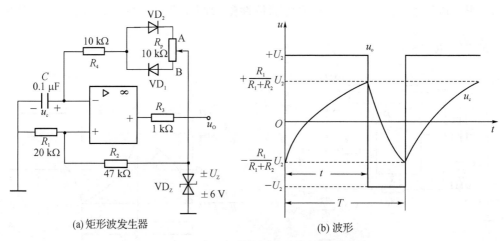

(a) 矩形波发生器 (b) 波形

图 1.8.2 占空比可变的矩形波发生器及其波形

3）三角波发生器

三角波发生器电路如图 1.8.3（a）所示，它由一个同相输入滞回比较器和一个积分器构成。滞回比较器的输出作为积分器的输入，积分器的输出（即三角形发生器的输出）作为滞回比较器的输入。同相输入滞回比较器的上、下门限电压分别为 $\dfrac{R_1}{R_2}U_Z$ 和 $-\dfrac{R_1}{R_2}U_Z$。

设电源接通时，$u_{o1}=U_Z$，则 u_{o2} 线性下降，当 u_{o2} 下降到 $-\dfrac{R_1}{R_2}U_Z$ 时，运放 A_1 输出翻转，变为 $u_{o1}=-U_Z$；当 $u_{o1}=-U_Z$，则 u_{o2} 线性上升，当 u_{o2} 上升到 $\dfrac{R_1}{R_2}U_Z$ 时，运放 A_1 再次输出翻转，变为 $u_{o1}=U_Z$。这样反复不已，便可得到方波 u_{o1} 和三角波 u_{o2}，波形图如 1.8.3（b）所示。

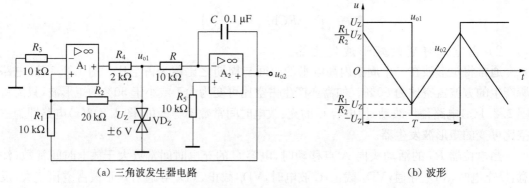

(a) 三角波发生器电路 (b) 波形

图 1.8.3 三角波发生器

三角波的峰值为：

$$U_{o2m}=\frac{R_1}{R_2}U_Z$$

周期为：

$$T=4\,\frac{R_1}{R_2}RC$$

4) 锯齿波发生器

如果在图 1.8.3(a)中,将电阻 R 两端并联一个二极管 VD 和电阻 R_6 的串联电路,如图 1.8.4(a)所示,就构成了锯齿波发生器,波形图如图 1.8.4(b)所示。

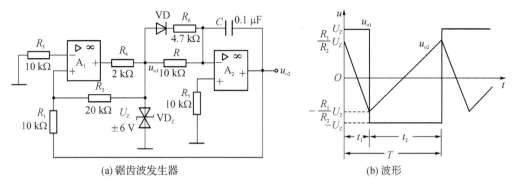

(a) 锯齿波发生器　　　　　　　(b) 波形

图 1.8.4　锯齿波发生器及其波形

锯齿波发生器与三角波发生器的工作原理基本相同,但是由于该电路当 $u_{o1}=U_Z$ 时,VD 导通,u_{o2} 线性下降,负向积分时间常数为 $(R /\!/ R_6)C$(忽略了 VD 的正向电阻);当 $u_{o1}=-U_Z$ 时,VD 截止,u_{o2} 线性上升,正向积分时间常数为 RC。由于 $(R /\!/ R_6)C<RC$,因此 u_{o2} 下降的时间短,上升的时间长,就形成了锯齿波。

在忽略二极管 VD 的正向电阻的条件下,锯齿波的周期为:

$$T=t_1+t_2=2\frac{R_1}{R_2}(R /\!/ R_6)C+2\frac{R_1}{R_2}RC$$

5) 正弦波信号发生器

图 1.8.5 所示电路是由运放构成的 RC 桥式振荡电路,它是由选频网络(为 RC 串并联网络,它兼作正反馈网络)和同相输入比例放大器组成。

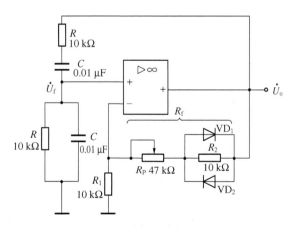

图 1.8.5　正弦波信号发生器

正弦波信号发生器的振荡频率为:

$$f=f_0=\frac{1}{2\pi RC}$$

在频率 f_0 下,正反馈网络的反馈系数 $F=U_f/U_o=1/3$,只有同相放大器的放大倍数 A

$=1+R_f/R_1=3$ 时,才能满足振荡的振幅平衡条件 $AF=1$,因此应使 $R_f=2R_1$。为了使电路起振,应使 AF 略大于 1,即应 R_f 略大于 $2R_1$,这可由调节 R_P 来实现。

电路中采用二极管来实现稳幅作用,由于起振时输出电压幅度较小,尚不足以使二极管导通,此时 $R_f>2R_1$,而后随着输出幅度增加,二极管正向导通,其正向电阻逐渐减小,直至 $R_f=2R_1$ 时振荡稳定。二极管两端并联电阻 R_2 用于适当削弱二极管的非线性影响,以改善输出波形。

1.8.3　实验内容

1)方波信号发生器

(1)按图 1.8.1(a)接好电路。

(2)观察 u_o、u_C 的波形,分别在 $R=10\ \text{k}\Omega$,$R=20\ \text{k}\Omega$ 的情况下测量 u_o、u_C 的峰-峰值 $U_{op\text{-}p}$、$U_{Cp\text{-}p}$、振荡周期 T,且与理论值相比较。

2)矩形波信号发生器

(1)按图 1.8.2(a)接好电路。

(2)观察 u_o、u_C 的波形,调节 R_P 活动头的位置,观察矩形波占空比的变化情况。

(3)分别在 R_P 活动头调至 A 点、B 点情况下,观察 u_o、u_C 的波形,测量 u_o、u_C 的峰-峰值 $U_{op\text{-}p}$、$U_{Cp\text{-}p}$、振荡周期 T 及矩形波的占空比 D,且与理论值相比较。

3)三角波信号发生器

(1)按图 1.8.3(a) 接好电路。

(2)用示波器观察 u_{o1}、u_{o2} 的波形,测量三角波的峰值 U_{o2m}、周期 T,且与理论值相比较。

4)锯齿波信号发生器

(1)按图 1.8.4(a)接好电路。

(2)用示波器观察 u_{o1}、u_{o2} 的波形,测量锯齿波的峰-峰值 $U_{o2p\text{-}p}$、锯齿波下降部分时间 t_1、上升部分时间 t_2 及周期 T,且与理论值相比较。

5)正弦波信号发生器

(1)按图 1.8.5 接好电路。

(2)调整电路使之振荡,观察输出电压波形,测量振荡频率。

适当调节电位器 R_P,使电路产生振荡,用示波器观察输出波形,应为稳定的最大不失真正弦波,测量输出电压的峰值 U_{om}、周期 T,计算出振荡频率 $f=1/T$,且与理论值相比较。

(3)验证幅度平衡条件

在输出为稳定的最大不失真正弦波情况下,测量 $U_P(U_f)$、U_N、U_o,验证同相比例放大器放大倍数 $A=U_o/U_f$ 是否等于 3(U_P、U_N、U_o 均为有效值,用交流毫伏表测量)。

6)设计一个方波信号发生电路,要求方波的频率为 2 kHz。连接好设计的电路并验证结果。

1.8.4　预习要求

(1)对方波信号发生器、三角波信号发生器实验电路,理论计算它们的振荡周期、频率、输出电压的峰-峰值,以便和测量值相比较。理论计算正弦波振荡器实验电路的振荡频率。

（2）按图 1.8.3 正弦波振荡器，R_P 的数值调大些还是小些容易起振。

1.8.5　思考题

（1）推导方波发生器、三角波发生器振荡周期公式。

（2）正弦波发生器中，集成运放的两个输入端是否应等电位，运放工作在线性区还是非线性区？

1.8.6　实验仪器和器材

（1）电子技术实验箱 MS-ⅢA 型（含直流稳压电源）1 台；

（2）双踪示波器 4318 型 1 台；

（3）函数发生器 1641B 型 1 台；

（4）交流毫伏表 1 只；

（5）数字万用表 1 只；

（6）集成运算放大器 OP07（μA741）2 片。

1.9（实验 9）　集成功率放大器

1.9.1　实验目的

（1）熟悉功率放大器的工作原理。

（2）熟悉集成功率放大器的基本性能和特点，并学会应用集成功率放大器。

（3）掌握功率放大器主要性能指标的测试方法。

1.9.2　实验原理

多级放大器的输出级常常要求能输出一定的功率以带动负载，因此输出级通常为功率放大器。

对功率放大器的要求是：输出功率要大，效率要高，带负载能力要强，失真要小，热稳定性要好，要考虑分立元件或集成电路的散热问题。为了获得尽可能大的输出功率，功率管要具有足够大的电压和电流输出幅度，因此功率管通常工作在极限工作状态下。因射极输出器带负载能力最强，另外，为提高效率，又能解决失真问题，所以功率放大器的一般形式为甲乙类工作的射极输出器构成的互补对称电路，最常见的电路形式有 OTL 电路和 OCL 电路。

功率放大器的主要性能指标包括额定输出功率、直流电源供给功率、效率、频率响应、非线性失真系数等。

　1）额定输出功率

在满足规定的非线性失真系数和频率特性指标下，功率放大器能输出的最大功率为额定输出功率。一般由函数发生器提供频率为 1 kHz 的正弦输入信号，功率放大器的输出电压非线性失真系数不超过规定值（如 3%）情况下，尽量加大输入信号幅度，测出输出电压

U_o（有效值）。此时，最大输出功率 P_{om} 为：

$$P_{om}=\frac{U_o^2}{R_L}$$

式中：R_L 为负载电阻。

2）直流电源供给功率

直流电源供给功率 P_V 是指功率放大器在最大输出功率时电源提供的功率。对于 OTL 电路，有：

$$P_V=V_{CC}I_V$$

式中：V_{CC} 为直流电源电压；I_V 为最大输出功率时直流电源电流的平均值。

3）效率

效率是指功率放大器在最大输出功率时，输出功率与直流电源供给功率之比，用百分数表示：

$$\eta=\frac{P_{om}}{P_V}\times100\%$$

4）频率响应

频率响应是指放大器的电压放大倍数与信号频率之间的关系。随着信号频率的增大或减小，放大器的电压放大倍数比中频（$f=1\ kHz$）时电压放大倍数会减小，通常称放大倍数下降到中频电压放大倍数的 0.707 倍时，所对应的信号频率分别为上限频率 f_H 和下限频率 f_L，而放大器的频带宽度为 $f_{BW}=f_H-f_L$。

5）非线性失真系数

单一频率的正弦输入信号通过放大器放大，会产生非线性失真，输出电压中除含有基波分量外，还包含有各次谐波分量。非线性失真程度通常用非线性失真系数 γ 表示。

$$\gamma=\frac{\sqrt{U_2^2+U_3^2+\cdots+U_n^2}}{U_1}$$

式中：U_1 为输出电压的基波分量有效值；U_2，U_3，$\cdots$，U_n 分别为 2 次，3 次，$\cdots$，n 次谐波分量有效值。

输出电压波形的非线性失真可以用示波器来观察，而 γ 的数值可以用失真度测量仪来测量。

OTL 电路在理想条件下，最大不失真输出功率 P_{om}、直流电源供给功率 P_V、最大效率 η_m 分别为：

$$P_{om}=\frac{V_{CC}^2}{8R_L}$$

$$P_V=\frac{V_{CC}^2}{2\pi R_L}$$

$$\eta_m=\frac{\pi}{4}=78.5\%$$

功率放大器可由分立元件组成，也有专用集成功率放大器。

本实验中采用的集成功率放大器是 8FY386（为我国国标产品，LM386 为美国国家半导体公司产品）。该集成功率放大器由于外接元件少，电源电压使用范围宽，静态功耗低，因而广泛用于便携式无线电设备和收、录音机中。

集成功率放大器 LM386 内部电路和引脚排列如图 1.9.1 所示。该集成功率放大器由输入级、中间级和输出级三部分组成。输入级是复合管差动放大电路($VT_1 \sim VT_4$)，有两个输入端，即同相输入端（3 脚）和反相输入端（2 脚），它的单端输出信号送到中间级共射放大电路（VT_7），中间级用以提高电压放大倍数，输出级是互补对称放大电路（$VT_8 \sim VT_{10}$）。LM386 的供电电源电压范围为 4～12 V，输入阻抗为 50 kΩ，频带宽度为 300 kHz。

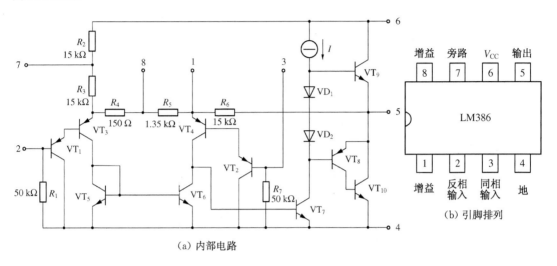

（a）内部电路

（b）引脚排列

图 1.9.1 LM386 内部电路和引脚排列

LM386 典型应用如图 1.9.2 所示，采用单电源供电，为 OTL 电路单端输入方式，输入信号由 C_1 接入同相输入端（3 脚），反相输入端（2 脚）接地，电路的电压放大倍数近似等于 $A_u = \dfrac{U_o}{U_i} = 2\dfrac{R_6}{R_4 + R_5 /\!/ R_P}$。当引脚 1、8 开路（即图中不接 R_P、C_2 时），其内部的负反馈最强，电压放大倍数最小，为 20。当在 1、8 脚间外接旁路电容（即相当于图中 $R_P = 0$ 时），负反馈减

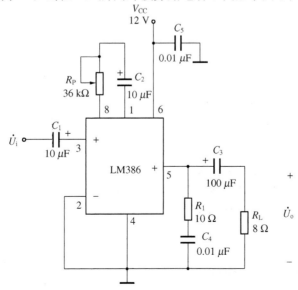

图 1.9.2 LM386 典型应用电路

弱,使电压放大倍数增至最大,为 200。当调节可变电阻 R_P 大小时,可使电路的电压放大倍数在 20～200 之间变化。

5 脚外接电容 C_3 为 OTL 功放电路的输出耦合电路。R_1、C_4 是频率补偿电路,用以消除感性负载扬声器在高频时产生的不良影响,防止自激,保证高频稳定性。C_5 是电源退耦电容,用以消除自激振荡。

1.9.3　实验内容

按图 1.9.2 接好实验线路。取 $V_{CC}=12$ V,LM386 的脚 1、8 间暂不接入 R_P、C_2。

1) 测量静态工作点

静态时 $u_i=0$,将 LM386 的脚 3 接地,用万用表直流电压挡测量 LM386 的脚 5 的对地电位 U_5。

2) 测量电路的电压放大倍数

(1) LM386 的脚 1、8 开路时,加正弦输入信号 $U_i=0.1$ V(有效值)、$f=1$ kHz,测量输出电压 U_o,且用示波器观察输入、输出电压 u_i 和 u_o 的波形,指出输出、输入电压波形的相位关系。

(2) LM386 的脚 1、8 间接旁路电容 C_2 时,加正弦输入信号 $U_i=10$ mV、$f=1$ kHz,测量输出电压 U_o,且用示波器观察输入、输出电压 u_i 和 u_o 的波形。

(3) LM386 的脚 1、8 间接 R_P、C_2,加正弦输入信号 $U_i=40$ mV、$f=1$ kHz,调节 R_P 的大小,观察输出电压 U_o 大小的变化,然后调节 R_P 使电压放大倍数为 50。

实验中测量数据记录于表 1.9.1 中。

表 1.9.1　测量数据

脚 1、8 间	开路	接旁路电容	接 R_P、C_2
U_i(V)			
U_o(V)			
$A_u=\dfrac{U_o}{U_i}$			

3) 测量最大不失真输出功率

在 LM386 脚 1、8 开路情况下,加正弦输入信号,$f=1$ kHz,逐步加大输入信号 U_i 的数值(有效值),用示波器观察输出电压 u_o 的波形,当输出电压波形刚要出现非线性失真时,测出此时输出电压的有效值 U_o,计算出最大不失真输出功率 $P_{om}=U_o^2/R_L$。

4) 测量直流电源供给功率和效率

在有最大不失真输出功率时,将直流电流表(用万用表直流电流 200 mA 挡)串入 V_{CC} 与 LM386 的 6 脚之间,测出电流的数值 I_V,计算出直流电源供给功率 $P_V=V_{CC}I_V$ 和效率 $\eta=\dfrac{P_{om}}{P_V}\times100\%$。

5) 观察 R_1、C_4 电路的作用

断开 R_1、C_4 支路,观察输出电压波形会产生何种现象。

1.9.4　预习要求

(1) 了解对功率放大器的主要要求。

(2) 了解互补对称功率放大器(OTL、OCL电路)的电路形式、工作原理、最大不失真输出功率的估算方法、最大效率的数值。

(3) 分析图1.9.2电路中LM386的静态工作点U_5的数值,估算该电路的最大不失真输出功率P_{om}。

1.9.5　思考题

(1) 图1.9.1(a)中,VD_1、VD_2的作用是什么?如果没有(即VT_8、VT_9的基极直接相连),则输出波形是怎样的?

(2) 如实验结果得到效率大于78.5%,正确吗?

(3) 直流电源供给电流的波形是怎样的?在实验中最大不失真输出功率情况下,其峰值I_{Vm}是多少?其平均值I_V是多少,与测量值相近吗?

1.9.6　实验仪器和器材

(1) 电子技术实验箱MS-ⅢA型(含直流稳压电源)1台;

(2) 双踪示波器4318型1台;

(3) 函数发生器1641B型1台;

(4) 交流毫伏表1只;

(5) 数字万用表1只;

(6) 集成功率放大器LM386型1片,8Ω扬声器、8Ω电阻各1只。

1.10（实验10）　直流稳压电源

1.10.1　实验目的

(1) 掌握直流稳压电源的组成及工作原理。

(2) 掌握三端集成稳压器的使用方法。

(3) 掌握直流稳压电源主要参数的测试方法。

1.10.2　实验原理

1) 直流稳压电源的组成及主要参数

直流稳压电源通常由电源变压器、整流电路、滤波器和稳压电路等部分组成,其原理框图如图1.10.1所示。

(1) 电源变压器:将交流市电电压(220 V)变换为符合整流需要的数值。

(2) 整流电路:将交流电压变换为单向脉动直流电压。整流是利用二极管的单向导电性来实现的。

(3) 滤波器:将脉动直流电压中交流分量滤去,形成平滑的直流电压。滤波可利用电容、电感或电阻-电容来实现。小功率整流滤波电路通常采用桥式整流、电容滤波电路。

（4）稳压电路：其作用是当交流电网电压波动或负载变化时，保证输出直流电压稳定。简单的稳压电路可采用稳压管来实现，在稳压性能要求较高的场合，可采用串联反馈式稳压电路（包括基准电压、取样电路、放大电路和调整管等部分）。目前市场上通用的集成稳压电路已非常普遍。集成稳压电路与分立元件组成的稳压电路相比，具有外接电路简单，使用方便、体积小、工作可靠等优点。

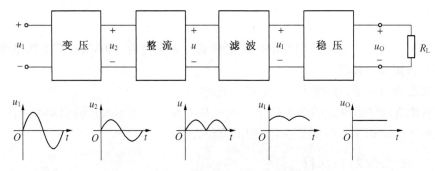

图 1.10.1　直流稳压电源的原理框图

2）串联反馈式稳压电路

实验中由分立元件组成的串联反馈式稳压电源如图 1.10.2 所示。$VD_1 \sim VD_4$ 为桥式整流管，电容 C_1 实现滤波，稳压部分由调整管 VT_1、比较放大器 VT_2、取样电路（R_1，R_2，R_P）、基准电压（R_3，VD_Z）和过流保护电路（VT_3，R_4，R_5，R_6）等组成。为保证调整管工作在放大状态，通常使调整管的最小管压降 U_{CE1min} 为 3 V。

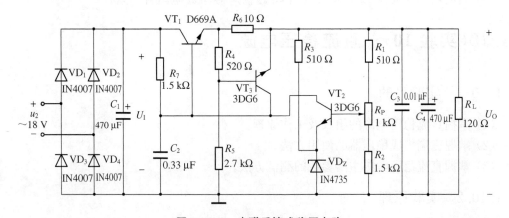

图 1.10.2　串联反馈式稳压电路

3）固定输出电压三端集成稳压电路

实验中由固定输出电压三端集成稳压器 CW7812 组成的稳压电路如图 1.10.3 所示。CW7812 输出正电压 12 V，加散热片最大输出电流可达 1 A，最小输入电压为 14 V。

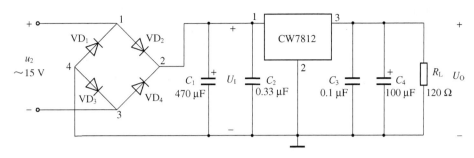

图 1. 10. 3 固定输出电压三端集成稳压电路

图中：C_2、C_3 的作用是使稳压器在输入电压和输出电流变化时,提高工作的稳定性和抑制高频干扰；C_4 是为进一步减小输出电压纹波。

4）可调输出电压三端集成稳压电路

实验中由可调输出电压三端集成稳压器 CW317 组成的稳压电路如图 1. 10. 4 所示。CW317 输出正电压,可调输出电压范围为 1. 2～37 V,最大输入电压为 40 V,最小输入电压为 3 V+U_o,最大输出电流有 100 mA、0. 5 A、1. 5 A、3. 0 A 等不同等级。

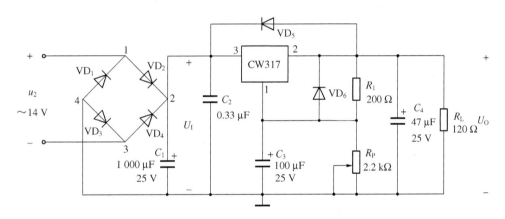

图 1. 10. 4 可调输出电压三端集成稳压电路

CW317 输出端 2 与调整端 1 之间为固定不变的基准电压 1. 25 V（在 CW317 内部）,输出电压 U_O 由电阻 R_1 和电位器 R_P 的数值决定,$U_O = 1. 25(1+R_P/R_1)$,改变 R_P 的数值,可实现调节输出电压的大小。C_2 用来抑制高频干扰,C_3 作用是提高稳压电源纹波抑制比,减小输出电压中的纹波电压,C_4 的作用是克服 CW317 在深度负反馈工作下可能产生的自激振荡,且可进一步减小输出电压中的纹波分量。VD_5、VD_6 为保护二极管,VD_5 用以防止当整流滤波输出短路、电容 C_4 放电损坏集成稳压器,VD_6 为防止当稳压电源输出端短路、C_3 放电损坏集成稳压器,在正常工作时,VD_5、VD_6 处于截止状态。

5）直流稳压电源的主要技术指标

直流稳压电源的技术指标是用来衡量直流稳压电源性能的标准,通常有下列几项内容：

（1）输出电压 U_O

是指稳压电源输出符合要求的电压值以及它的调整范围。

（2）输出电流 I_O

通常是指稳压电源允许输出的最大电流以及输出电流的变化范围。

（3）稳压系数 S_U

定义为：当输出电流 I_O 及温度 T 保持不变,输出电压 U_O 的相对变化量与输入电压 U_I（指稳压电路输入电压）的相对变化量之比,即

$$S_U = \frac{\Delta U_O/U_O}{\Delta U_I/U_I}\bigg|_{\Delta I_O=0,\Delta T=0}$$

显然,$S_U \ll 1$,其值越小,稳压性能越好。

工程实际中,把电网电压波动 $\pm 10\%$ 时输出电压的相对变化 $\Delta U_O/U_O$ 作为性能指标,称为电压调整率。

（4）输出电阻 R_o

定义为：当输入电压 U_I 和温度 T 保持不变,输出电压的变化量与输出电流的变化量之比的绝对值,即

$$R_o = \left|\frac{\Delta U_O}{\Delta I_O}\right|\bigg|_{\Delta U_I=0,\Delta T=0}$$

输出电阻 R_o 的大小反映直流稳压电源带负载能力的大小,其值越小,带负载能力越强。

（5）输出纹波电压 U_{or}

是指直流稳压电源输出电压中的交流分量,其大小可用交流分量的有效值或峰值表示。

1.10.3　实验内容

1）分立元件串联反馈式直流稳压电源的研究

按图 1.10.2 接好电路。

（1）观察与测量整流滤波电路作用

取交流输入电压（有效值）$U_2 = 18$ V,先不接入滤波电容 C_1,用示波器观察整流输出电压 u_1 的波形,并用直流电压表测出 U_I 的大小。然后接入滤波电容 C_1,再观察整流、滤波输出电压 u_1 的波形,并测出 U_I 的大小。结果填入表 1.10.1。

表 1.10.1　测量数据一

状　态	u_1 的波形	U_I(V)
未接 C_1		
接 C_1		

（2）测量输出电压的可调范围

在交流输入电压 $U_2 = 18$ V 下,调节电位器 R_P,测量输出电压的最大值 U_{Omax} 和最小值 U_{Omin}。

（3）测量各管静态工作点

在交流输入电压 $U_2 = 18$ V 下,调节 R_P,使输出电压 $U_O = 12$ V,接负载电阻 $R_L = 120\ \Omega$,即输出电流 $I_O = 100$ mA,测量各三极管的静态工作点。数据记录于表 1.10.2 中,并

指出各管的工作状态(放大、饱和、截止)。

表 1.10.2 测量数据二

电压及工作状态	VT$_1$	VT$_2$	VT$_3$
U_B(V)			
U_E(V)			
U_C(V)			
工作状态			

(4) 测量稳压系数 S_U

在交流输入电压 $U_2=18$ V 下,使 $U_O=12$ V,$I_O=100$ mA。然后分别改变 U_2 为 20 V 和 16 V(即相当于电网电压波动±10%),测量相应的稳压电路输入电压 U_I 和输出电压 U_O,数据填入表 1.10.3 中。

表 1.10.3 测量数据三

U_2(V)	18	20	16
U_I(V)			
U_O(V)	12		

计算出稳压系数 $S_U=\dfrac{\Delta U_O/U_O}{\Delta U_I/U_I}$($\Delta U_O$ 用两次测量结果较大的一个)。

(5) 测量输出电阻 R_o

在交流输入电压 $U_2=18$ V、输出电流 $I_O=100$ mA、输出电压 $U_O=12$ V 下,断开负载电阻,即使 $I_O=0$,测量此时输出电压 U_O 的数值,数据记录于表 1.10.4 中。

表 1.10.4 测量数据四

I_O(mA)	U_O(V)
100	12
0	

计算输出电阻 $R_o=\left|\dfrac{\Delta U_O}{\Delta I_O}\right|$。

(6) 测量输出纹波电压

在 $U_2=18$ V、$U_O=12$ V、$I_O=100$ mA 下,用示波器测量出输出纹波电压的峰值 U_{orm}。

(7) 观察过流保护电路的作用

① 在 $U_2=18$ V、$U_O=12$ V 下,改变负载电阻 R_L 为 40 Ω,测量此时 VT$_3$ 管各电极的电位,说明过流保护是否起作用。

② 在 $U_2=18$ V、$U_O=12$ V、$I_O=100$ mA 下,用导线瞬时短接一下输出端,然后检查电路能否恢复正常工作。

2) 测量固定输出电压三端稳压电路性能指标

实验电路如图 1.10.3 所示,连接好电路,实验方法参照实验内容1)。

(1) 测量稳压系数。

(2) 测量输出电阻。

(3) 测量输出纹波电压。

3) 测量可调输出电压三端集成稳压电路性能指标

实验电路如图 1.10.4 所示,连接好电路,实验方法参照实验内容 1)。

(1) 测量输出电压的可调范围。

(2) 测量稳压系数。

(3) 测量输出电阻。

(4) 测量输出纹波电压。

1.10.4　预习要求

(1) 了解整流、滤波电路的组成及工作原理。

(2) 了解串联反馈式稳压电路的组成及工作原理。

(3) 了解直流稳压电源的性能指标。

(4) 复习示波器的使用方法,了解测量输出纹波电压应采用输入交流耦合还是直流耦合方式。

(5) 预先估算出图 1.10.2 和图 1.10.4 电路的输出电压可调范围。

1.10.5　思考题

(1) 桥式整流电路中,如果某个二极管发生开路、短路或反接三种情况,将会产生什么结果?

(2) 图 1.10.2 电路,最小输入电压 U_{Imin} 发生在什么情况下,其数值至少应为多大? 相应的交流输入电压最小数值 U_{2min} 应为多大?

1.10.6　实验仪器和器材

(1) 电子技术实验箱 MS-ⅢA 型(含直流稳压电源)1 台;

(2) 双踪示波器 4318 型 1 台;

(3) 函数发生器 1641B 型 1 台;

(4) 交流毫伏表 1 只;

(5) 数字万用表 1 只。

第二部分　数字电子技术实验

2.1(实验1)　基本门电路的逻辑功能

2.1.1　实验目的

(1) 掌握集成门电路的使用规则。

(2) 熟悉各种门电路的逻辑功能,掌握逻辑功能的测试方法。

(3) 了解门电路的门控作用,熟悉电子技术实验箱的使用方法。

2.1.2　实验原理

1) 集成门电路的使用规则

集成门电路是数字集成电路中最基本的一类器件,可用来设计和实现各种数字逻辑电路,尽管现代数字系统中广泛采用中、大规模集成电路来设计构成电路,但各种门电路仍是这些电路中不可缺少的基本器件。

集成门电路按其导电类型分有 TTL 门电路和 CMOS 门电路两大类。TTL 门电路具有生产历史悠久、品种齐全、应用范围广、功耗适中、速度快、使用方便等优点。CMOS 门电路则具有工作电压范围宽、逻辑振幅大、功耗极微、输入阻抗高和噪声容限高等优点。按照逻辑功能,集成门电路可以分为与门、非门、与非门、或非门、集电极开路门(OC 门)、三态门(TS 门)等。

(1) TTL 器件的使用规则

① 电源电压 V_{CC}

只允许在 5 V±0.5 V 范围内,超出该范围可能会损坏器件或使逻辑功能混乱。

② 输出端的连接

输出端不允许直接接 5 V 或接地,对于 100 pF 以上的容性负载,应串接几百欧的限流电阻,否则将导致器件损坏。除集电极开路门和三态门外,普通 TTL 门电路的输出端不允许连接在一起,否则会引起逻辑混乱或损坏器件。

③ 输入端的连接

输入端可直接接电源电压或串入一只 1～10 kΩ 电阻接至电源电压来获得高电平输入,输入端直接接地为低电平输入。或门、或非等 TTL 门电路的多余输入端不能悬空,只能接地。与门、与非门等 TTL 门电路的多余输入端可以悬空,可将它们直接接电源电压或与其他输入端并联使用,以增加电路的可靠性,但并联使用时,对信号要求的驱动电流增大了。

（2）CMOS 门电路使用规则

① 电源电压

CMOS 门电路的电源电压极性不能相反，规定 V_{DD} 接电源正极，V_{SS} 接电源负极。通常将 V_{SS} 接地。V_{DD} 的范围较宽，在 5～15 V 范围内均可正常工作，允许波动 ±10%。

② 输出端的连接

输出端不允许直接接 V_{DD} 或接地，除三态门器件外，不允许两个门电路输出端并联使用。

③ 输入端的连接

输入端接 V_{DD} 或接地分别为高电平和低电平输入，所有多余输入端一律不能悬空，应按逻辑要求直接接电源电压 V_{DD} 或接地，否则会损坏器件。工作速度不高时，允许输入端并联使用。

2）电子技术实验箱的使用和门电路逻辑功能的测试方法

将被测集成门电路芯片插在电子技术实验箱相同片脚的多孔插座上，芯片缺口标记朝左边，然后接好电源线、地线、输入线、输出线，经检查无误后接通电源进行测试。输入端接的低电平"0"和高电平"1"可由逻辑开关（也称数据开关）提供。输出端电平的高低可用指示灯或万用表（直流电压档）来显示。指示灯亮表示高电平"1"，不亮表示低电平"0"。输入端接入不同的电平，记录其相应的输出端电平，列成真值表。真值表描述了被测门电路的逻辑功能，由真值表也可写出该门电路的逻辑功能表达式。

2.1.3　实验内容

1）测试与非门（74LS10）的逻辑功能

74LS10 是三 3 输入与非门，即该芯片中包含有 3 个与非门，每个与非门有 3 个输入端。其与非门逻辑符号（1 个门的）如图 2.1.1 所示。

实验时，输入端 A、B、C 分别接至逻辑开关，输出端 Y 接至指示灯。拨动逻辑开关，依次置 ABC 在 000，001，…状态下，观察指示灯亮暗，将测试结果填入真值表 2.1.1 中，并由真值表写出逻辑表达式。测试完毕，切断电源。（注意，在逻辑图中一般不画出电源，但实验时，千万不要忘记接上。）

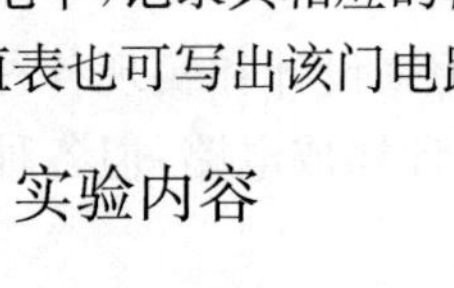

表 2.1.1　与非门真值表

A	B	C	Y
0	0	0	
0	0	1	
0	1	0	
0	1	1	
1	0	0	
1	0	1	
1	1	0	
1	1	1	

图 2.1.1　74LS10 与非门逻辑符号

2）测试异或门（74LS86）的逻辑功能

74LS86 为四 2 输入异或门。异或门逻辑符号如图 2.1.2 所示。测试异或门的逻辑功能，结果填入真值表 2.1.2 中，并由真值表写出逻辑表达式。

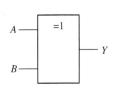

图 2.1.2　异或门逻辑符号

表 2.1.2　异或门真值表

A	B	Y
0	0	
0	1	
1	0	
1	1	

3）分析逻辑门的门控作用

实验中使用的逻辑门为 74LS00,它是一个四 2 输入与非门,用其中的一个与非门,按图 2.1.3 接好电路。

（1）静态实验

A、B 接逻辑开关,Y 接指示灯,示波器暂不接。

① B 端接逻辑"0",A 端分别加逻辑"0"和"1",观测输出 Y。

② B 端接逻辑"1",A 端分别加逻辑"0"和"1",观测输出 Y。

将结果记录于表 2.1.3 中。说明:由该表应能看出,当 B(相当于控制端)为"0"时,输出始终为"1",与 A(信号)无关,即信号 A 不能通过该门;当 B 为"1"时,输出为 $\overline{A}$,即信号可以通过该门(不过是以反变量输出的),这就是与非门的门控作用,从下面的动态实验可以更清楚地说明这一点。

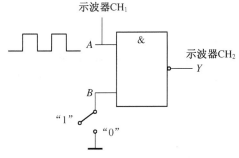

图 2.1.3　逻辑门的控制作用

表 2.1.3

B	A	Y
0	0	
	1	
1	0	
	1	

（2）动态实验

在 B 端分别加逻辑"0"和逻辑"1",A 端加频率为 1 024 Hz 的方波,用示波器观察输出 Y 和输入 A 的波形,结果填入表 2.1.4 中,且测出 B 为"0"时输出电平 U_O,B 为"1"时输出的高电平 U_{OH} 和低电平 U_{OL} 的数据。

表 2.1.4

输入端 B 的状态	输入端 A 的波形　　输出端 Y 的波形	
"0"	A	
	Y	
"1"	A	
	Y	

4）用与非门组成其它基本门电路,测试逻辑功能

（1）用 74LS00 按图 2.1.4 连接电路,测试该电路的逻辑功能,将测试结果列出真值表,指出该电路等效为何种基本门电路。

（2）用 74LS00 按图 2.1.5 连接电路,测试该电路的逻辑功能,将测试结果列出真值表,指出该电路等效为何种基本门电路。

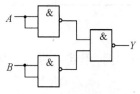
图 2.1.4　用 3 个与非门组成的基本门电路

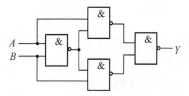
图 2.1.5　用 4 个与非门组成的基本门电路

2.1.4　预习要求

（1）了解基本门电路(与门、与非门、或门、或非门、异或门)的逻辑功能。

（2）了解 TTL、CMOS 器件的使用规则。

（3）了解如何用示波器测量一个连续矩形脉冲波形的峰-峰值、高电平、低电平。

（4）了解逻辑门的门控作用是什么。

（5）标出实验电路中集成电路的引脚编号。

2.1.5　思考题

（1）说明两个普通 TTL 与非门输出端并在一起使用会造成器件损坏的理由。

（2）如果欲用与门(如 74LS09)来实现门控作用,写出控制端 B 分别为"0"和"1"时,输出 Y 与输入 A 的关系式。指出 B 为"0"还是为"1"时,信号 A 才能通过。

（3）如将与非门、或非门、异或门和同或门作为非门使用时,它们的输入端应如何连接?

2.1.6　实验仪器和器材

（1）电子技术实验箱 MS-ⅢA 型(含直流稳压电源)1 台;

（2）双踪示波器 4318 型 1 台;

（3）数字万用表 1 只;

（4）74LS00、74LS10、74LS86 芯片各 1 片。

2.2(实验 2)　TTL 集电极开路门和三态门

2.2.1　实验目的

（1）掌握 TTL 集电极开路门(OC 门)的逻辑功能和应用。

（2）了解集电极开路门外接集电极负载电阻 R_C 的数值选择方法。

（3）掌握 TTL 三态门(TS 门)的逻辑功能和应用。

2.2.2　实验原理

数字系统中有时需要两个或两个以上集成逻辑门的输出端直接连接在一起（并接）来完成一定的逻辑功能，而对于普通的 TTL 门电路的输出端是不允许并接的。图2.2.1示出了两个 TTL 门输出端并接的情况，为简单起见，图中只画出了两个与非门的推拉输出级。设门 A 的 VT_4、VD_3 导通，若不并接，输出应为高电平；设门 B 的 VT_5 导通，若不并接，输出应为低电平。当门 A、门 B 的输出端并接后，从电源 V_{CC} 经门 A 的 VT_4、VD_3 和门 B 的 VT_5 构成一条通路，其结果有两种情况：一是输出端既非高电平，又非低电平，导致逻辑功能混乱，二是上述通路电流大于正常值，导致功耗剧增，发热增大，有可能烧坏器件。

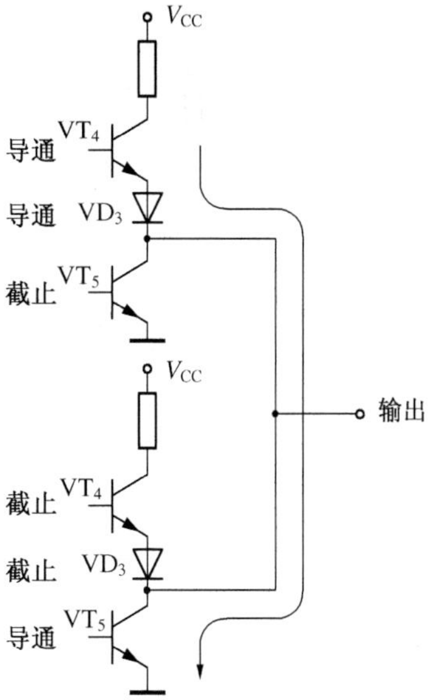

集电极开路门和三态门是两种特殊的 TTL 门电路，它们允许输出端并接在一起使用。

图 2.2.1　普通 TTL 门电路输出端并接情况

1）TTL 集电极开路门（OC 门）

集电极开路与非门的内部电路结构、逻辑符号和使用方法如图 2.2.2 所示。集电极开路与非门使用时一定要外接电源 V'_{CC} 和集电极负载电阻 R_C，外接电源电压 V'_{CC} 一般可以根据需要在 5～15 V 之间选择，R_C 的数值应根据应用条件决定。

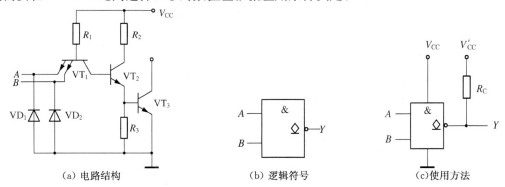

（a）电路结构　　　　　　（b）逻辑符号　　　　　（c）使用方法

图 2.2.2　集电极开路与非门的电路结构、逻辑符号和使用方法

图 2.2.3 为 n 个 OC 门线与驱动 m 个 TTL 门电路的情况，外接电阻 R_C 的最大值和最小值的计算公式为：

$$R_{Cmax} = \frac{V'_{CC} - U_{OH}}{n I_{OH} + m' I_{IH}}$$

$$R_{Cmin} = \frac{V'_{CC} - U_{OL}}{I_{OLmax} - m I_{IL}}$$

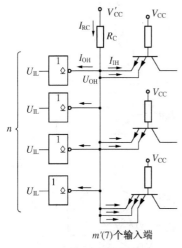

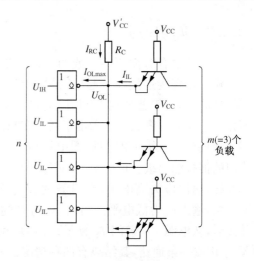

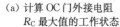

(a) 计算 OC 门外接电阻　　　　　　　　(b) 计算 OC 门外接电阻
R_C 最大值的工作状态　　　　　　　　　R_C 最小值的工作状态

图 2.2.3　n 个 OC 门线与驱动 m 个 TTL 门电路

式中:n——驱动门数;

　　　m——负载门数;

　　　m'——负载门输入端总数;

　　　I_{OH}——驱动门输出高电平,其输出三极管截止时的漏电流,一般约为 50 μA;

　　　I_{OLmax}——驱动门输出低电平时的吸流能力,一般约为 20 mA;

　　　I_{IH}——负载门每个输入端的高电平输入电流,一般小于 50 μA;

　　　I_{IL}——负载门每个门的低电平输入电流,一般小于 1.6 mA。

　　R_C 在 R_{Cmin} 与 R_{Cmax} 间选择,因为 R_C 的大小会影响到输出波形的边沿时间,在工作速度较高时,R_C 的取值应接近 R_{Cmin}。

　　实际上,R_C 的数值选择范围也可由实验的方法来决定。我们将电路中 R_C 采用为一只电位器。改变 OC 门的输入状态,使 OC 门线与的输出为高电平,调节电位器,使输出高电平 U_{OH} 为要求的数值(如 $U_{OH} \geqslant 3$ V),测得此时 R_C 的数值,即为 R_{Cmax};再改变 OC 门的输入状态,使 OC 门线与的输出为低电平,调节电位器,使输出低电平 U_{OL} 为要求的数值(例如 $U_{OL} \leqslant 0.4$ V),测得此时 R_C 的数值,即为 R_{Cmin}。

　　OC 门主要有以下几方面的应用。

　　(1) 实现线与

　　由两个集电极开路与非门输出端相连,组成的电路如图 2.2.4 所示。其输出为:

$$Y = \overline{A_1 B_1} \cdot \overline{A_2 B_2} = \overline{A_1 B_1 + A_2 B_2}$$

即相当于两个 OC 门分开使用时输出的与(由于这个与是通过输出线短接实现的,所以常称之为线与)。用集电极开路与非门实现与或非逻辑功能,与采用普通与非门相比,可减少门的数量,经济得多。

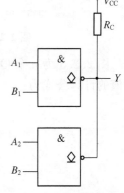

图 2.2.4　OC 门实现线与

（2）实现电平转换

OC 门输出端可以直接驱动电压高于 5 V 的负载,如图 2.2.5(a)所示。图中负载 KA 为继电器线圈,VD 为续流二极管,起保护作用。

由于 TTL 门输出高电平与 CMOS 门输入高电平不匹配,例如,74LS 系列 TTL 门 $U_{\text{OHmin}}=2.7$ V,CMOS 门 $U_{\text{IHmin}}=3.5$ V,因此不能直接用 TTL 门驱动 CMOS 门,这时可采用 OC 门实现电平转换,以驱动 CMOS 门,如图 2.2.5(b)所示。

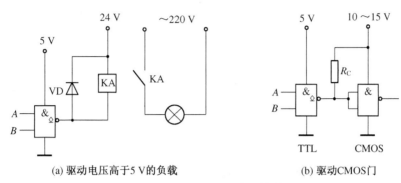

(a) 驱动电压高于5 V的负载　　　　　　(b) 驱动CMOS门

图 2.2.5　OC 门实现电平转换

（3）实现总线传输

将多个 OC 与非门输出端接至一条公共总线上,如图 2.2.6 所示,依次使控制端 C_1、C_2、C_3 为高电平,则各数据 D_1、D_2、D_3 以其反变量 $\overline{D_1}$、$\overline{D_2}$、$\overline{D_3}$ 轮流送至总线 Y。

2）三态门

三态门与普通 TTL 门不同之处在于多了一个使能端 EN(控制端),当使能端加有效电平(有效电平是高电平还是低电平由门的型号决定)时,其输出状态取决于输入端状态,或是高电平,或是低电平;当使能端加无效电平时,三态门的输出端总是呈高阻态。图 2.2.7 示出了使能端高电平有效和低电平有效两种三态门的逻辑符号。

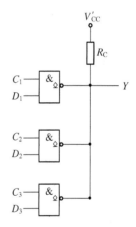

图 2.2.6　OC 门实现总线传输

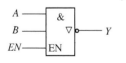

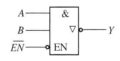

(a) 使能端高电平有效　　　　　　(b) 使能端低电平有效

图 2.2.7　三态门的逻辑符号

三态门的基本用途是实现总线传输,总线传输电路如图2.2.8所示,其逻辑功能表如表 2.2.1所示。工作时不允许有两个及以上的三态门处于使能状态。

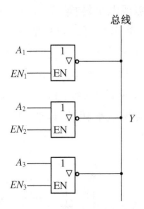

图 2.2.8　三态门实现总线传输

表 2.2.1　三态门总线传输真值表

EN_1	EN_2	EN_3	Y
1	0	0	$\overline{A_1}$
0	1	0	$\overline{A_2}$
0	0	1	$\overline{A_3}$
0	0	0	高阻

2.2.3　实验内容

1）集电极开路与非门的应用

（1）用集电极开路与非门实现线与

实验电路如图 2.2.4 所示，所用 OC 门 74LS01 为四 2 输入集电极开路与非门，其引脚排列图见附录 C。取 $V'_{CC} = 5\text{ V}$，$R_C = 1\text{ k}\Omega$。输入 A_1、B_1、A_2、B_2 接逻辑开关，输出 Y 接指示灯。

A_1、B_1、A_2、B_2 在不同状态下，观察指示灯亮暗，结果记录于真值表 2.2.2 中，且由真值表写出输出 Y 的逻辑表达式。

表 2.2.2

A_1	B_1	A_2	B_2	Y	A_1	B_1	A_2	B_2	Y
0	0	0	0		1	0	0	0	
0	0	0	1		1	0	0	1	
0	0	1	0		1	0	1	0	
0	0	1	1		1	0	1	1	
0	1	0	0		1	1	0	0	
0	1	0	1		1	1	0	1	
0	1	1	0		1	1	1	0	
0	1	1	1		1	1	1	1	

（2）决定 OC 门集电极负载电阻 R_C 的取值范围

同上内容实验电路，R_C 用 200 Ω 电阻和 47 kΩ 电位器串联代替，要求 $U_{OH} = 3\text{ V}$，$U_{OL} = 0.4\text{ V}$，实验决定出 R_{Cmax}、R_{Cmin} 的数值。

（3）用集电极开路与非门实现电平转换

在内容（1）实验电路中，将 V'_{CC} 改为 12 V，在输出为低电平（灯暗）时，用万用表直流电压挡测量输出低电平 U_{OL}，在输出为高电平（灯亮）时，测量输出高电平 U_{OH}，记下 U_{OL}、U_{OH} 的数值。

（4）用 OC 门 74LS01 实现逻辑函数 $Y = AB + CD$

自行设计出实验电路。实验时连好电路，测试电路逻辑功能，将实验结果列出真值表，由真值表写出 Y 的逻辑表达式。

2) 三态门(74LS125)的应用——实现总线传输

用三态门 74LS125 设计一个两路信号总线传输电路(要求自己画出电路)。74LS125 为四总线缓冲门,使能端 $\overline{EN}$ 是低电平有效,它的引脚排列图见附录 C。

(1) 静态实验

输入 A_1、A_2、$\overline{EN}_1$、$\overline{EN}_2$ 分别接至逻辑开关,输出 Y 接指示灯。在不同输入状态下,观察指示灯,实验结果填入表 2.2.3 中。

(2) 动态实验

$\overline{EN}_1$、$\overline{EN}_2$ 接逻辑开关,A_1 接连续脉冲,$f=1\,024$ Hz,A_2 接 5 V 电压。用示波器观察 A_1 及 Y 的波形,结果记录于表 2.2.4 中。

表 2.2.3

A_1	A_2	$\overline{EN}_1$	$\overline{EN}_2$	Y
0	0	0	1	
0	1	0	1	
1	0	0	1	
1	1	0	1	
0	0	1	0	
0	1	1	0	
1	0	1	0	
1	1	1	0	

表 2.2.4

A_1	A_2	$\overline{EN}_1$	$\overline{EN}_2$	Y
		0	1	
⊓⊓	5 V			
		1	0	

2.2.4 预习要求

(1) 了解集电极开路门的工作原理和基本应用。

(2) 对于图 2.2.4 所示电路,计算外接集电极电阻 R_C 的最大值 R_{Cmax}、最小值 R_{Cmin}。设 $U_{OH}=3.6$ V,$U_{OL}=0.3$ V,OC 门的 $I_{OH}=50$ μA,$I_{OLmax}=16$ mA,$V'_{CC}=5$ V。

(3) 了解三态门的工作原理和基本应用、使能端高电平有效或低电平有效的含义。

(4) 查集成电路引脚排列图,标出各实验电路中集成电路的引脚编号。

2.2.5 思考题

(1) 采用普通 TTL 与非门来实现 $Y=\overline{\overline{A_1 B_1}+\overline{A_2 B_2}}$,需采用多少只逻辑门? 而采用 OC 与非门来实现需要几只?

(2) 对于图 2.2.4 所示电路,如何用实验的方法来决定 R_C 的数值?

(3) 三态门在高阻状态下,用万用表测输出端电压,会有读数吗? 与输出低电平时测得输出端电压为 0 这种情况有区别吗?

2.2.6 实验仪器和器材

(1) 电子技术实验箱 MS-ⅢA 型(含直流稳压电源)1 台;

(2) 双踪示波器 4318 型 1 台;

(3) 数字万用表 1 只;

(4) 74LS01、74LS125 芯片各 1 片。

2.3(实验 3)　组合逻辑电路

2.3.1　实验目的

掌握用小规模集成逻辑电路设计组合逻辑电路的方法。

2.3.2　实验原理

组合逻辑电路是一类常见的逻辑电路,其特点是电路在任一时刻的输出信号的状态取决于该时刻的输入信号的状态,而与电路原来所处的状态无关。

1) 用小规模集成逻辑电路设计组合逻辑电路的方法与步骤

(1) 根据实际问题对逻辑功能的要求,定义输入、输出变量,状态赋值。问题的条件作为输入逻辑变量,问题的结果作为输出逻辑变量。状态赋值,即是用 0 或 1 表示信号的相关状态。(如果逻辑问题中输入、输出变量及其含义是明确的,则这一步骤可以省略。)

(2) 列出真值表。根据输入变量的全部取值组合和相应的输出变量值,可列出真值表。

(3) 由真值表列出逻辑式,且化简得出最简与或表达式。逻辑式的化简可以用公式法,也可以用卡诺图法。

(4) 根据最简与或表达式,画出逻辑电路图(一般采用与非门)实现此逻辑函数。

2) 用与非门实现最简与或表达式的方法

在输入原、反变量均提供的条件下,实现最简与或表达式只需两级与非门。第 1 级与非门的个数为与或表达式中乘积项的个数,第 2 级只需一个与非门。第 1 级每个与非门的各个输入即为每个乘积项的因子,每个与非门的输出即为第 2 级与非门的输入;第 2 级与非门的输出即为电路的输出。

例　为军民联欢会设计一个自动检票机,凡军人持有红票、民众持有黄票则可入场,其余情况不得入场。

解:(1) 设定逻辑变量,状态赋值

输入变量用 A 表示军民信号,$A=0$ 表示民,$A=1$ 表示军;用 B 表示有无红票,$B=0$ 表示无,$B=1$ 表示有;用 C 表示有无黄票,$C=0$ 表示无,$C=1$ 表示有。输出变量用 Y 表示可否入场,$Y=0$ 表示不可以,$Y=1$ 表示可以。

(2) 列出真值表

根据设计要求列出真值表如表 2.3.1 示。

表 2.3.1　自动检票机的真值表

A	B	C	Y
0	0	0	0
0	0	1	1
0	1	0	0
0	1	1	1
1	0	0	0
1	0	1	0
1	1	0	1
1	1	1	1

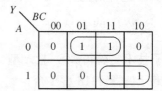

图 2.3.1　自动检票机的卡诺图

（3）列出逻辑式且化简得到最简与或表达式

在真值表中挑出使输出变量值为 1 的输入变量取值组合，输入变量值为 1 的写为原变量，为 0 的写成反变量，将得到的乘积项相加即得到输出变量。由表 2.3.1 可得：

$$Y = \overline{A}\,\overline{B}C + \overline{A}BC + AB\overline{C} + ABC$$

化简得：

$$Y = \overline{A}C(\overline{B}+B) + AB(\overline{C}+C) = \overline{A}C + AB$$

如果用卡诺图化简，可不列出真值表直接填充卡诺图，然后圈出包围圈，如图 2.3.1 所示，同样得到最简与或表达式：

$$Y = \overline{A}C + AB$$

（4）画出逻辑图

设输入原、反变量均提供，由前最简与或表达式可画出逻辑图，如图 2.3.2 所示。如果反变量未提供，则由 A 经一个反相器可得到 $\overline{A}$，如图 2.3.2 中虚线所示。

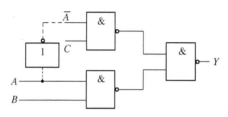

图 2.3.2　自动检票机逻辑电路

2.3.3　实验内容

下列各实验内容的电路要求自己设计，规定采用与非门和非门（反相器）。

（1）设计一个判断 4 位二进制数数值的电路。4 位二进制数为 $B_3B_2B_1B_0$（B_3 为最高位），当 $3 \leqslant B_3B_2B_1B_0 < 6$ 或 $B_3B_2B_1B_0 > 13$ 时，输出 Y 为 1，否则为 0。

实验时连好电路，输入变量 B_3、B_2、B_1、B_0 分别接至逻辑开关，输出变量 Y 接至指示灯，进行静态测试，记录测试结果。

（2）设计一个判断 4 位 BCD 码数值的组合逻辑电路，它接受 8421BCD 码 $B_3B_2B_1B_0$，仅当 $4 < B_3B_2B_1B_0 < 9$ 时，输出 $Y=1$。

实验时要求同内容（1）。

（3）设计一个能判断 1 位二进制数 A 和 B 大小的比较电路，它有 3 个输出 Y_1、Y_2、Y_3。当 $A > B$ 时，仅 $Y_1 = 1$（$Y_2 = 0$，$Y_3 = 0$），当 $A = B$ 时，仅 $Y_2 = 1$（$Y_1 = 0$，$Y_3 = 0$），当 $A < B$ 时，仅 $Y_3 = 1$（$Y_1 = 0$，$Y_2 = 0$）。

实验时，连好电路，输入 A、B 分别接至逻辑开关，输出 Y_1、Y_2、Y_3 分别接至指示灯，进行静态测试，验证逻辑功能，记录测试结果。

（4）设计一个半加器组合逻辑电路。输入为被加数 A_i，加数 B_i；输出为本位和 S_i，本位产生（向高位）的进位 C_i。（半加器实现被加数与加数相加，得到本位和以及进位。）

实验要求同内容（3）。

（5）设计一个三人表决电路。有三个人参加表决，只有当两个或两个以上的人同意，表决才能通过，A、B、C 分别表示表决者，"0"表示不同意，"1"表示同意。Y 表示表决结果，"0"

表示不通过,"1"表示通过。

实验要求同内容(1)。

(6) 三八晚会入场规则为女观众持有入场券即可入场,男观众既要有入场券又要有工作证才能入场,试设计一个判断能否入场的组合逻辑电路。

实验时要求同内容(1)。

(7) 某组合逻辑电路输入 A、B、C 及输出 Y 的波形如图 2.3.3 所示。要求设计出实现该输入、输出波形关系的组合逻辑电路。

实验验证结果。

(8) 设计一个判断输血者与受血者血型是否符合规定的组合逻辑电路。

人类有 4 种血型,分别是 A、B、AB 和 O 型,输血时,输血者和受血者的血型必须符合图 2.3.4 所示的规定,否则会有生命危险。试设计一个组合逻辑电路,判断输血者和受血者的血型是否符合规定。提示:可分别用 2 位二进制代码 C_1C_2,C_3C_4 表示输血者和受血者的血型,代码的四种不同取值组合 00、01、10、11 分别代表四种不同的血型,C_1、C_2、C_3、C_4 为输入变量,输出变量 Y 表示血型是否符合规定。

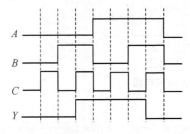
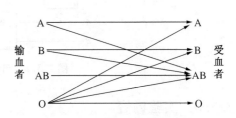

图 2.3.3　实验内容 7)输入、输出波形　　　　图 2.3.4　输血时的血型规定

2.3.4　预习要求

(1) 掌握用小规模集成逻辑电路设计组合逻辑电路的方法和步骤。

(2) 对指定的实验内容预先设计实验电路,并标出集成电路的引脚编号。

2.3.5　思考题

(1) 实验内容(2)中,函数化简时对无关最小项应如何处理,才能使得实现的电路最简单(建议用卡诺图法化简)。

(2) 在实验内容(8)中,如何选择代码的取值组合与血型对应关系,才能将电路设计得最简。

2.3.6　实验仪器和器材

(1) 电子技术实验系箱 MS-ⅢA 型(含直流稳压电源)1 台;

(2) 数字万用表 1 只;

(3) 74LS00 、74LS04、74LS10、74LS20 芯片若干。

2.4（实验 4）　数据选择器和译码器

2.4.1　实验目的

（1）掌握数据选择器、译码器等中规模数字集成器件的逻辑功能。
（2）掌握数据选择器、译码器的应用。

2.4.2　实验原理

1）数据选择器

（1）数据选择器的基本功能

数据选择器的基本功能是从多个输入数据中选择一个作为输出。

图 2.4.1 是双 4 选 1 数据选择器 74LS153 的逻辑符号，其功能表见表 2.4.1，引脚排列图见附录 C。图中：$D_0 \sim D_3$ 是 4 个数据输入端，A_1 和 A_0 是选择输入端（或称地址输入端，A_1 和 A_0 为 2 个数据选择器共用），$\overline{ST}$ 是使能端（片选端），低电平有效，Y 是输出端。

由数据选择器的功能表可以看出，输出 Y 的逻辑表达式为

$$Y = ST(\overline{A_1}\,\overline{A_0}D_0 + \overline{A_1}A_0D_1 + A_1\overline{A_0}D_2 + A_1A_0D_3)$$

当 $\overline{ST} = 0$，即 $ST = 1$，则：

$$Y = \overline{A_1}\,\overline{A_0}D_0 + \overline{A_1}A_0D_1 + A_1\overline{A_0}D_2 + A_1A_0D_3$$

表 2.4.1　74LS153 功能表

选　通	选择输入		数据输入				输　出
$\overline{ST}$	A_1	A_0	D_0	D_1	D_2	D_3	Y
1	×	×	×	×	×	×	0
0	0	0	0	×	×	×	0
0	0	0	1	×	×	×	1
0	0	1	×	0	×	×	0
0	0	1	×	1	×	×	1
0	1	0	×	×	0	×	0
0	1	0	×	×	1	×	1
0	1	1	×	×	×	0	0
0	1	1	×	×	×	1	1

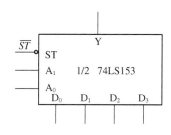

图 2.4.1　双 4 选 1 数据选择器 74LS153 逻辑符号

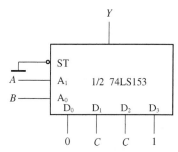

图 2.4.2　用数据选择器实现逻辑函数
$$Y = AB + BC + CA$$

（2）用数据选择器设计组合逻辑电路

数据选择器的输出逻辑表达式具有标准与或表达式的形式,而且提供了地址变量的全部最小项,而任何组合逻辑电路都可以表示成最小项之和的标准形式,因此应用对照比较的方法,用数据选择器可以不受限制地实现任何组合逻辑函数。一般的,如果组合逻辑函数的变量为 m,那么应选用地址变量数 $n=m-1$ 的数据选择器,这样较为经济。

例 1 用 4 选 1 数据选择器实现组合逻辑函数 $Y=AB+BC+CA$。

解:
$$Y=AB+BC+CA=\overline{A}BC+A\overline{B}C+AB\overline{C}+ABC$$
$$=\overline{A}\,\overline{B}\cdot 0+\overline{A}BC+A\overline{B}C+AB\cdot 1$$

将上式与 4 选 1 数据选择器的输出表达式相比较,可令数据选择器的输入 $A_1=A$,$A_0=B$,$D_0=0$,$D_1=C$,$D_2=C$,$D_3=1$,则可实现逻辑函数 Y,其逻辑电路图如图 2.4.2 所示。

例 2 用双 4 选 1 数据选择器 74LS153 和非门 74LS04 构成 1 位全加器。

解:全加器有 3 个输入信号 A_i、B_i、C_{i-1},分别是被加数、加数和低位向本位的进位,有 2 个输出信号 S_i、C_i,分别是本位和、本位向高位的进位。

全加器的真值表如表 2.4.2 所示。

表 2.4.2　全加器的真值表

输　入			输　出	
A_i	B_i	C_{i-1}	S_i	C_i
0	0	0	0	0
0	0	1	1	0
0	1	0	1	0
0	1	1	0	1
1	0	0	1	0
1	0	1	0	1
1	1	0	0	1
1	1	1	1	1

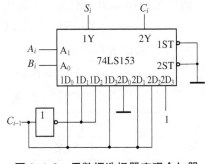

图 2.4.3　用数据选择器实现全加器

由真值表可写出全加器的逻辑表达式:
$$S_i=\overline{A}_i\,\overline{B}_i C_{i-1}+\overline{A}_i B_i\,\overline{C}_{i-1}+A_i\,\overline{B}_i\,\overline{C}_{i-1}+A_i B_i C_{i-1}$$
$$C_i=\overline{A}_i B_i C_{i-1}+A_i\,\overline{B}_i C_{i-1}+A_i B_i\,\overline{C}_{i-1}+A_i B_i C_{i-1}$$
$$=\overline{A}_i\,\overline{B}_i\cdot 0+\overline{A}_i B_i C_{i-1}+A_i\,\overline{B}_i C_{i-1}+A_i B_i\cdot 1$$

将上式与 4 选 1 数据选择器的输出表达式相比较,可令数据选择器的输入 $A_1=A_i$,$A_0=B_i$,$1D_0=1D_3=C_{i-1}$,$1D_1=1D_2=\overline{C}_{i-1}$,$2D_0=0$,$2D_1=2D_2=C_{i-1}$,$2D_3=1$,则 $1Y=S_i$,$2Y=C_i$。其逻辑电路图如图 2.4.3 所示。

2）译码器

（1）译码器的基本功能

译码器是将二进制代码译成对应的输出信号的电路。

74LS138 是一个 3 线-8 线译码器,它是一种通用译码器,其逻辑符号如图 2.4.4 所示,引脚排列图见附录 C。A_2、A_1、A_0 为二进制代码输入端;$\overline{Y}_0\sim\overline{Y}_7$ 为输出端,低电平有效;

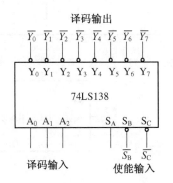

图 2.4.4　3 线-8 线译码器 74LS138 的逻辑符号

S_A、$\overline{S_B}$、$\overline{S_C}$为 3 个使能端，S_A为高电平有效，$\overline{S_B}$和$\overline{S_C}$为低电平有效，只有当S_A为高电平，且$\overline{S_B}$和$\overline{S_C}$均为低电平时，译码器才工作。74LS138 的功能表如表 2.4.3 所示。

表 2.4.3　74LS138 功能表

| 输　入 | | | | | 输　出 | | | | | | | |
| 使　能 | | 选　择 | | | | | | | | | | |
S_A	$\overline{S_B}+\overline{S_C}$	A_2	A_1	A_0	$\overline{Y_0}$	$\overline{Y_1}$	$\overline{Y_2}$	$\overline{Y_3}$	$\overline{Y_4}$	$\overline{Y_5}$	$\overline{Y_6}$	$\overline{Y_7}$
$\times$	1	$\times$	$\times$	$\times$	1	1	1	1	1	1	1	1
0	$\times$	$\times$	$\times$	$\times$	1	1	1	1	1	1	1	1
1	0	0	0	0	0	1	1	1	1	1	1	1
1	0	0	0	1	1	0	1	1	1	1	1	1
1	0	0	1	0	1	1	0	1	1	1	1	1
1	0	0	1	1	1	1	1	0	1	1	1	1
1	0	1	0	0	1	1	1	1	0	1	1	1
1	0	1	0	1	1	1	1	1	1	0	1	1
1	0	1	1	0	1	1	1	1	1	1	0	1
1	0	1	1	1	1	1	1	1	1	1	1	0

（2）用译码器设计组合逻辑电路

74LS138 的输出实际上是代码输入变量的全部最小项的反函数，即$\overline{Y_0}=\overline{\overline{A_2}\,\overline{A_1}\,\overline{A_0}}=\overline{m_0}$，$\overline{Y_1}=\overline{\overline{A_2}\,\overline{A_1}A_0}=\overline{m_1}$，$\cdots$，$\overline{Y_7}=\overline{A_2A_1A_0}=\overline{m_7}$，而任何组合逻辑函数都可以化为最小项之和，因此将组合逻辑函数的输入变量作为译码器的地址输入，将译码器的某些输出（对应于逻辑函数最小项的输出）经过与非，就可以得到相应的最小项之和，即实现组合逻辑函数。

例 3　用 74LS138 及与非门设计 1 位全加器。

解：全加器的逻辑表达式为：

$$S_i=\overline{A_i}\,\overline{B_i}C_{i-1}+\overline{A_i}B_i\,\overline{C_{i-1}}+A_i\,\overline{B_i}\,\overline{C_{i-1}}+A_iB_iC_{i-1}$$
$$=m_1+m_2+m_4+m_7=\overline{\overline{m_1}\,\overline{m_2}\,\overline{m_4}\,\overline{m_7}}$$
$$C_i=\overline{A_i}B_iC_{i-1}+A_i\,\overline{B_i}C_{i-1}+A_iB_i\,\overline{C_{i-1}}+A_iB_iC_{i-1}$$
$$=m_3+m_5+m_6+m_7=\overline{\overline{m_3}\,\overline{m_5}\,\overline{m_6}\,\overline{m_7}}$$

因此，实现全加器的电路如图 2.4.5 所示。将A_i、B_i、C_{i-1}分别接至A_2、A_1、A_0，$\overline{Y_1}$、$\overline{Y_2}$、$\overline{Y_4}$、$\overline{Y_7}$经过一个与非门得到S_i，$\overline{Y_3}$、$\overline{Y_5}$、$\overline{Y_6}$、$\overline{Y_7}$经过另一个与非门得到C_i。

$$S_i=\overline{\overline{Y_1}\,\overline{Y_2}\,\overline{Y_4}\,\overline{Y_7}}=\overline{\overline{m_1}\,\overline{m_2}\,\overline{m_4}\,\overline{m_7}}$$
$$C_i=\overline{\overline{Y_3}\,\overline{Y_5}\,\overline{Y_6}\,\overline{Y_7}}=\overline{\overline{m_3}\,\overline{m_5}\,\overline{m_6}\,\overline{m_7}}$$

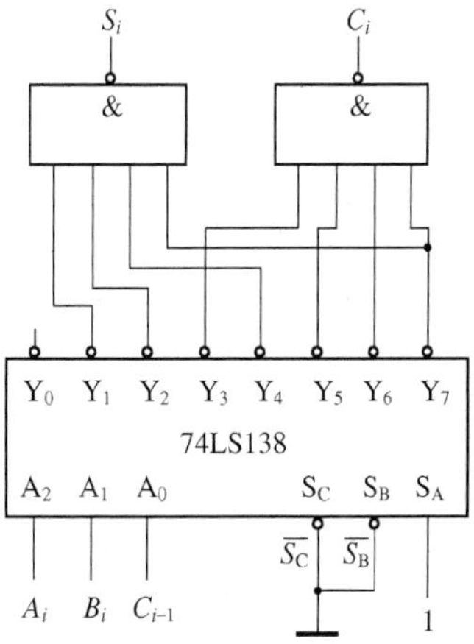

图 2.4.5　用 74LS138 和 74LS20 组成全加器

2.4.3　实验内容

（1）验证数据选择器 74LS153 的逻辑功能

按图 2.4.1 将数据选择器地址端A_1、A_0接逻辑开关，使能端$\overline{ST}$接地，数据输入端$D_0\sim D_3$接逻辑开关，输出端接指示灯，接通直流电源后按表 2.4.1 验证数据选择器的逻辑功能，列出真值表。

（2）验证 3 线‑8 线译码器 74LS138 的逻辑功能

按图 2.4.4 将译码器代码输入端 A_2、A_1、A_0 接逻辑开关，控制端 S_A 接 5 V，$\overline{S_B}$、$\overline{S_C}$ 接地，输出端 $\overline{Y_0}$～$\overline{Y_7}$ 接指示灯，接通电源后，按表 2.4.3 验证译码器的逻辑功能，列出真值表。

（3）用双 4 选 1 数据选择器 74LS153 和反相器 74LS04 实现 1 位全加器

电路如图 2.4.3 所示。A_i、B_i、C_{i-1} 分别接逻辑开关，S_i、C_i 接指示灯，验证电路逻辑功能，列出真值表。

（4）用 3 线‑8 线译码器 74LS138 和与非门 74LS20 实现 1 位全加器

电路如图 2.4.5 所示。A_i、B_i、C_{i-1} 分别接逻辑开关，S_A 接 5 V，$\overline{S_B}$、$\overline{S_C}$ 接地，S_i、C_i 接指示灯，验证电路逻辑功能，列出真值表。

（5）用双 4 选 1 数据选择器 74LS153 和反相器 74LS04（或用 3 线‑8 线译码器 74LS138 和与非门 74LS20）实现 1 位全减器

自己设计电路，验证电路功能，列出真值表。

说明：1 位全减器实现被减数 A_i 与减数 B_i，低位来的借位 J_{i-1} 相减，结果得到差数 D_i，向高位的借位 J_i。

（6）用数据选择器 74LS153 设计检偶电路

当输入 3 位二进制代码 ABC 中，1 的个数为偶数时，输出 Y 为 1，否则输出为 0。

自己设计电路，验证电路功能，列出真值表。

（7）已知二输出组合逻辑电路的输出逻辑函数式如下：

$$\begin{cases} Y_1 = \overline{A}\,\overline{B} + AB\overline{C} \\ Y_2 = \overline{B} + C \end{cases}$$

设计出实现该逻辑函数的组合逻辑电路，实验验证电路功能，列出真值表。

2.4.4　预习要求

（1）了解数据选择器和译码器的基本功能。

（2）了解用数据选择器和译码器设计组合逻辑电路的方法，自己设计实验内容（5）、（6）、（7）。

（3）查集成电路引脚排列图，标出各实验电路中集成电路的引脚编号。

2.4.5　思考题

（1）利用 8 选 1 数据选择器 74LS151 和 3 线‑8 线译码器 74LS138 实现一个 8 路数据总线分时传输系统。（提示：将 8 位并行数据变成串行数据发送到总线上，再将总线上的串行数据分时送到 8 个输出通道）

（2）将两片 74LS138 适当连接，扩展为 4 线‑16 线译码器。（提示：利用使能端）

2.4.6　实验仪器和器材

（1）电子技术实验箱 MS‑ⅢA 型（含直流稳压电源）1 台；

（2）数字万用表 1 只；

（3）74LS153、74LS138、74LS20、74LS04 芯片各 1 片。

2.5（实验 5）　全加器

2.5.1　实验目的

（1）掌握全加器的逻辑功能。
（2）掌握全加器的应用。

2.5.2　实验原理

1）全加器的逻辑功能

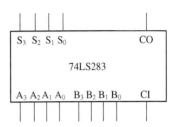

图 2.5.1　74LS283 的逻辑符号

全加器的基本逻辑功能是实现二进制加法，是将被加数、加数和来自低位的进位三者相加的运算电路。

常用的集成器件 74LS283 是采用超前进位的 4 位二进制全加器，运算速度快。74LS283 的逻辑符号如图 2.5.1 所示，引脚排列见附录 C。A_3、A_2、A_1、A_0，B_3、B_2、B_1、B_0 分别是被加数、加数输入端，CI 是进位输入端，S_3、S_2、S_1、S_0 是和数输出端，CO 是进位输出端。利用 CI 和 CO 端可实现两片 74LS283 之间的级联，以扩展加法器的位数。74LS283 的真值表如表 2.5.1 所示。

表 2.5.1　74LS283 的真值表

输　　入				输　　出					
				$CI=0/C_1=0$			$CI=1/C_1=1$		
A_0/A_2	B_0/B_2	A_1/A_3	B_1/B_3	S_0/S_2	S_1/S_3	C_1/CO	S_0/S_2	S_1/S_3	C_1/CO
0	0	0	0	0	0	0	1	0	0
1	0	0	0	1	0	0	0	1	0
0	1	0	0	1	0	0	0	1	0
1	1	0	0	0	1	0	1	1	0
0	0	1	0	0	1	0	1	1	0
1	0	1	0	1	1	0	0	0	1
0	1	1	0	1	1	0	0	0	1
1	1	1	0	0	0	1	1	0	1
0	0	0	1	0	1	0	1	1	0
1	0	0	1	1	1	0	0	0	1
0	1	0	1	1	1	0	0	0	1
1	1	0	1	0	0	1	1	0	1
0	0	1	1	0	0	1	1	0	1
1	0	1	1	1	0	1	0	1	1
0	1	1	1	1	0	1	0	1	1
1	1	1	1	0	1	1	1	1	1

注：先用 A_0、B_0、A_1、B_1、CI 的输入条件确定 S_0、S_1 输出和内部进位 C_1 的值；然后再用 C_1、A_2、B_2、A_3、B_3 的值来确定 S_2、S_3 和 CO。

2) 全加器的应用

(1) 基本应用——实现二进制加法

用 1 片 74LS283 可实现 4 位二进制数加法,而用 2 片 74LS283 级联,可实现 8 位二进制加法,电路如图 2.5.2 所示。

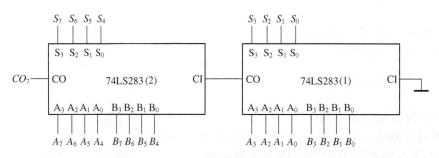

图 2.5.2 两片 74LS283 实现 8 位二进制加法

(2) 实现二—十进制加法

图 2.5.3 所示电路是用两片 74LS283 和门电路构成的二—十进制(8421BCD 码)加法电路。

二进制加法器是逢 16 进 1,二—十进制(8421BCD 码)的加法是逢 10 进 1,因此用二进制加法器实现二—十进制的加法,当相加的和大于或等于 10 时,就必增加一个加 6 的校正电路。在图 2.5.3 中,当 74LS283(1) 的 CO 为 1,或当 S_3 为 1,且 S_2、S_1 中至少有一个为 1 时,就意味着相加的和大于或等于 10,因此在这些情况下,三输入与非门的输出为 1,74LS283(2) 实现加 6 校正。电路中,$F_3 F_2 F_1 F_0$ 是二—十进制加法的和,而 Y 是进位输出。

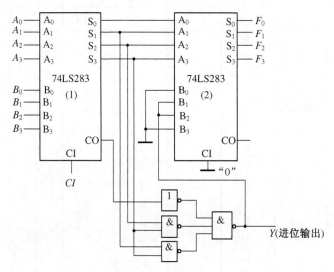

图 2.5.3 用 74LS283 实现二—十进制加法

(3) 实现 BCD 代码的转换,将 8421 码转换为余 3 码

十进制数的 8421 码和余 3 码如表 2.5.2 所示。如果将 8421 码、余 3 码看成是二进制数,那么余 3 码比 8421 码多 3,因此要实现将 8421 码转变为余 3 码只要采用一片二进制全加器 74LS283 将 8421 码加 3 即可,电路如图 2.5.4 所示。

表 2.5.2　十进制数的 8421 码和余 3 码

十进制数	8421 码				余 3 码			
0	0	0	0	0	0	0	1	1
1	0	0	0	1	0	1	0	0
2	0	0	1	0	0	1	0	1
3	0	0	1	1	0	1	1	0
4	0	1	0	0	0	1	1	1
5	0	1	0	1	1	0	0	0
6	0	1	1	0	1	0	0	1
7	0	1	1	1	1	0	1	0
8	1	0	0	0	1	0	1	1
9	1	0	0	1	1	1	0	0

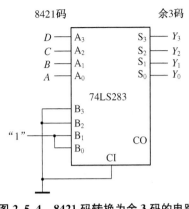

图 2.5.4　8421 码转换为余 3 码的电路

2.5.3　实验内容

1）用一片 74LS283 实现 4 位二进制加法

按表 2.5.3 中所列被加数、加数、进位输入,测试出相应的和及进位输出,结果填入表中。

表 2.5.3　二进制加法

A_3	A_2	A_1	A_0	B_3	B_2	B_1	B_0	CI	S_3	S_2	S_1	S_0	CO
0	0	1	1	0	1	0	1	0					
0	1	1	1	1	0	0	0	0					
0	1	1	1	1	0	0	0	1					
1	1	1	1	1	1	1	0	0					
1	1	1	1	1	1	1	0	1					

2）采用两片 74LS283 及门电路实现二—十进制加法

实验电路如图 2.5.3 所示。

按表 2.5.4 中所列被加数、加数、进位输入,测试出相应的输出,且将结果填入表中。

表 2.5.4　二—十进制加法

A_3	A_2	A_1	A_0	B_3	B_2	B_1	B_0	CI	F_3	F_2	F_1	F_0	Y
0	1	1	0	0	0	1	1	0					
0	1	1	0	0	0	1	1	1					
0	1	1	1	0	1	0	1	0					
0	1	1	1	0	1	0	1	1					
1	0	0	1	1	0	0	1	0					
1	0	0	1	1	0	0	1	1					

3）实现将 8421 码 $DCBA$ 转变为余 3 码 $Y_3Y_2Y_1Y_0$

实验电路如图 2.5.4 所示,记录实验结果。

2.5.4　预习要求

（1）了解 74LS283 的功能和应用。

（2）了解常用的二—十进制编码。

（3）了解二进制加法和二—十进制（8421BCD 码）加法的区别。

（4）了解图 2.5.3 的工作原理。

（5）标出各实验电路中集成电路的引脚编号。

2.5.5　思考题

（1）如何用全加器 74LS283 和反相器设计出电路，能得到二进制数 $A_3A_2A_1A_0$（原码）的补码 $Y_3Y_2Y_1Y_0$。提示：二进制数（原码）的补码是将其各位取反后再加 1。

（2）已知二进制数 $A=A_3A_2A_1A_0$，$B=B_3B_2B_1B_0$，且 $A>B$，如何用全加器 74LS283 和反相器设计出实现 $Y(Y_3Y_2Y_1Y_0)=A-B$ 的电路。（提示：二进制数相减，可用被减数加减数的补码来实现）

2.5.6　实验仪器和器材

（1）电子技术实验箱 MS - ⅢA 型（含真流稳压电源）1 台；

（2）数字万用表 1 只；

（3）74LS283 芯片 2 片；74LS00、74LS10 芯片各 1 片。

2.6（实验 6）　触发器

2.6.1　实验目的

（1）熟悉触发器的性质，掌握 D 触发器和 JK 触发器的逻辑功能和触发方式。

（2）学习用 D 触发器和 JK 触发器构成时序逻辑电路的方法。

2.6.2　实验原理

触发器是具有记忆功能的二进制信息存储器件。它是构成时序逻辑电路的重要部件，也是计数器、移位寄存器等中规模集成电路的基本单元，含有触发器的电路称为时序逻辑电路。触发器具有两个输出端：Q 和 $\overline{Q}$ 端。触发器的两个基本性质是：

（1）触发器有两个稳定的状态，"1"状态——$Q=1$，$\overline{Q}=0$ 的状态；"0"状态——$Q=0$，$\overline{Q}=1$ 的状态。

（2）触发器在一定的输入条件下，可以从一个稳定的状态转变为另一个稳定的状态。

触发器可以分为两大类：一类是没有时钟脉冲（CP）输入端的，称为基本触发器；另一类是有时钟脉冲（CP）输入端的，称为时钟触发器。

基本触发器可以由与非门构成，也可由或非门构成。由与非门构成的基本触发器的逻辑电路图和逻辑符号如图 2.6.1 所示。

在图 2.6.1 中，如果 $\overline{S}=0$，$\overline{R}=1$ 则触发器为"1"状态。如果此时 $\overline{S}$ 从 0 变成 1，则触发器

仍维持原有的状态,这就是触发器的存储(记忆)作用。类似地,它也可以存储"0"状态,应当指出两个输入端$\bar{S}$和$\bar{R}$同时为 0 的情况应当禁止。

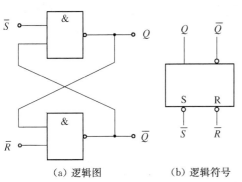

(a) 逻辑图　　(b) 逻辑符号

图 2.6.1　由与非门构成的基本触发器的逻辑图和逻辑符号

表 2.6.1　由与非门构成的基本触发器的功能表

输　　入		输　　出	
$\bar{S}$	$\bar{R}$	Q	$\bar{Q}$
0	0	禁　　止	
0	1	1	0
1	0	0	1
1	1	保持不变	

时钟触发器按逻辑功能分有 RS、D、JK 和 T 触发器。这 4 种触发器的功能表见表 2.6.2～表 2.6.5。表中 Q^n 为现态(老状态),即接收输入信号前的状态,Q^{n+1} 为次态(新状态),即接收输入信号后的状态。

时钟触发器按触发方式(指触发器在时钟脉冲的什么时刻才接收输入信号,改变状态),分为电平触发方式(又分高电平、低电平触发方式两种)、边沿触发方式(又分上升沿、下降沿触发两种)和主从触发方式。

通常在同一数字系统中,应选择同逻辑功能、同触发方式的触发器,且不宜将 TTL 器件和 CMOS 器件混合使用。

表 2.6.2　RS 触发器的功能表

S	R	Q^{n+1}
0	0	Q^n
0	1	0
1	0	1
1	1	不定

表 2.6.3　D 触发器的功能表

D	Q^{n+1}
0	0
1	1

表 2.6.4　JK 触发器的功能表

J	K	Q^{n+1}
0	0	Q^n
0	1	0
1	0	1
1	1	$\bar{Q^n}$

表 2.6.5　T 触发器的功能表

T	Q^{n+1}
0	Q^n
1	$\bar{Q^n}$

本实验中采用的 CC4013 为 CMOS 双 D 触发器。它的逻辑符号如图 2.6.2 所示,功能表如表 2.6.6 所示(引脚排列图见附录 C)。

表 2.6.6　CC4013 的功能表

输　入				输　出		功能说明
CP	D	R_D	S_D	Q^{n+1}	$\overline{Q}^{n+1}$	
↑	0	0	0	0	1	置 0
↑	1	0	0	1	0	置 1
↓	×	0	0	Q^n	$\overline{Q}^n$	保持不变
×	×	1	0	0	1	直接置 0
×	×	0	1	1	0	直接置 1
×	×	1	1	1	1	不允许

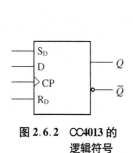

图 2.6.2　CC4013 的
逻辑符号

CC4013D 触发器具有直接置 0 端 R_D,直接置 1 端 S_D,高电平有效。不论 CP 和 D 在何种状态,如 $S_D=0$,$R_D=1$,则 $Q=0$,$\overline{Q}=1$;如 $S_D=1$,$R_D=0$,则 $Q=1$,$\overline{Q}=0$;如 $S_D=1$,$R_D=1$,则 $Q=\overline{Q}=1$(状态不定,禁止使用)。该 D 触发器为上升沿触发方式,即只在时钟脉冲的上升沿时刻接收输入信号 D,触发器的状态(按照逻辑功能表)发生改变。

本实验中采用的 CC4027 为 CMOS 双 JK 触发器,它的逻辑符号如图 2.6.3 所示,功能表如表 2.6.7 所示(引脚排列图见附录 C)。CC4027 JK 触发器的直接置 0 端 R_D,直接置 1 端 S_D 为高电平有效。该 JK 触发器为上升沿触发。

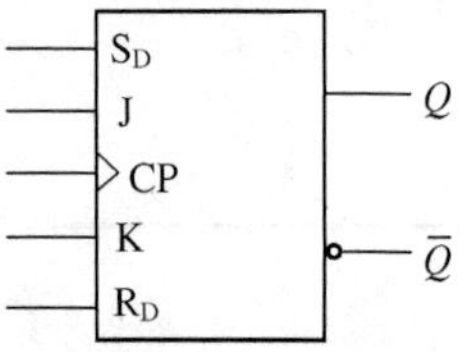

表 2.6.7　CC4027 的功能表

输　入					输　出		功能说明
J	K	S_D	R_D	CP	Q^{n+1}	$\overline{Q}^{n+1}$	
0	0	0	0	↑	Q^n	$\overline{Q}^n$	保持不变
0	1	0	0	↑	0	1	置 0
1	0	0	0	↑	1	0	置 1
1	1	0	0	↑	$\overline{Q}^n$	Q^n	翻转
×	×	0	0	↓	Q^n	$\overline{Q}^n$	保持不变
×	×	1	0	×	1	0	直接置 1
×	×	0	1	×	0	1	直接置 0
×	×	1	1	×	1	1	不允许

图 2.6.3　CC4027 的
逻辑符号

2.6.3　实验内容

1) D 触发器

(1) 验证 D 触发器的 S_D、R_D 端作用和逻辑功能

将 CC4013 芯片 V_{DD} 接 5 V,V_{SS} 接地。用其中的一个 D 触发器,将其 CP 端接单脉冲(建议用负脉冲),D、S_D、R_D 端分别接至逻辑开关,输出端 Q 接指示灯。如图 2.6.4 所示。

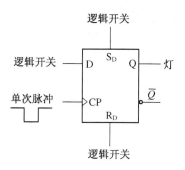

图 2.6.4 D 触发器

验证 S_D、R_D 端的作用,结果记录于表 2.6.8 中。

验证 D 触发器的逻辑功能,结果记录于表 2.6.9 中。(注意观察当按下负脉冲按键时为下降沿,触发器状态不变化,当放开按键时为上升沿,触发器的状态才会按功能表发生改变)

表 2.6.8 S_D、R_D 端的作用

S_D	R_D	D	CP	Q
0	1	×	×	
1	0	×	×	

表 2.6.9 D 触发器功能表

S_D	R_D	D	CP	Q^n	Q^{n+1}
0	0	0	↑	0	
				1	
0	0	1	↑	0	
				1	

(2)用 D 触发器组成二、四分频电路

按图 2.6.5 接好电路。

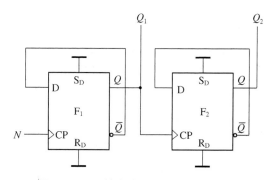

图 2.6.5 D 触发器组成二、四分频电路

① 静态验证

F_1 的 CP 端接单脉冲 N,Q_1、Q_2 接指示灯,每按一次单脉冲按键,观察指示灯的亮、暗,记录结果,填入状态转换表表 2.6.10 中。

表 2.6.10　状态转换表

N	Q_2	Q_1
0	0	0
1		
2		
3		
4		

② 动态验证

F_1 的 CP 端接连续脉冲 $N(f)$,连续脉冲频率为 $f=1\,024\,\text{Hz}$。

用示波器观察且记录下 $N(f)$、Q_1、Q_2 的波形于图 2.6.6 中,并注意各个波形的时序(时间对应)关系。必须记住,为正确观察多个波形的时序关系,示波器应选择用周期最长的信号作为触发信号。本实验中应以 Q_2 为触发信号,先观察 Q_2、$N(f)$ 波形,记录下来,然后再将 $N(f)$ 换成 Q_1,记录下 Q_1 波形。

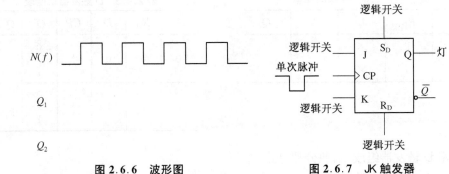

图 2.6.6　波形图　　　　　　　图 2.6.7　JK 触发器

2) JK 触发器

(1) 验证 JK 触发器的 S_D、R_D 端作用和逻辑功能

将 CC4027 的 V_{DD} 接 5 V,V_{SS} 接地。用其中的一个 JK 触发器,将其 CP 端接单脉冲,J、K、S_D、R_D 分别接至逻辑开关,输出端 Q 接指示灯。如图 2.6.7 所示。

验证 S_D、R_D 端的作用,结果记录于表 2.6.11 中。

表 2.6.11　S_D、R_D 端的作用

S_D	R_D	J	K	CP	Q
0	1	×	×	×	
1	0	×	×	×	

验证 JK 触发器的逻辑功能,结果记录于表 2.6.12 中。

表 2.6.12　JK 触发器功能表

S_D	R_D	J	K	CP	Q^n	Q^{n+1}
0	0	0	0	↑	0 1	

（续表 2.6.12）

S_D	R_D	J	K	CP	Q^n	Q^{n+1}
0	0	0	1	↑	0	
					1	
0	0	1	0	↑	0	
					1	
0	0	1	1	↑	0	
					1	

（2）用 JK 触发器构成二、四分频电路

按图 2.6.8 接好电路。

① 静态验证

F_1 的 CP 端接单脉冲 N，Q_1、Q_2 接指示灯。

每按一次单脉冲按键，观察指示灯的亮暗，记录结果，列出状态转换表。

② 动态验证

F_1 的 CP 端接连续脉冲 $N(f)$，连续脉冲频率 $f=1\ 024\ Hz$。

用示波器观察且记录下 $N(f)$、Q_1、Q_2 波形，并注意各波形的时序关系。

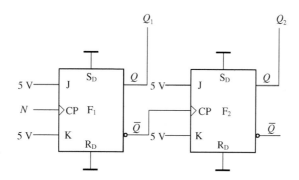

图 2.6.8　用 JK 触发器组成二、四分频电路

3）用 CC4027 设计异步四进制减计数器

连接好电路。

（1）静态验证（方法同前）。

（2）动态验证（方法同前）。

4）设计要求

用一片 CC4013（或 CC4027）和一片 74LS138，设计一个广告流水灯电路，实现八灯七亮一暗，暗灯循环右移。

实验时静态验证结果。

2.6.4　预习要求

（1）了解触发器的基本性质。

（2）了解基本触发器与时钟触发器的主要区别。

(3) 了解 SR、D、JK、T 触发器的逻辑功能。

(4) 了解各种触发方式。

(5) 了解触发器直接置 0 端、直接置 1 端的作用和用法。

(6) 标出各个实验电路中集成电路的引脚编号。

2.6.5   思考题

(1) 画出用两只或非门构成一个基本触发器的逻辑图,并列出它的真值表。

(2) 在图 2.6.5 中欲将两个 D 触发器的初始状态均置为 0,应怎样实现。

(3) 如何用 CC4013 构成一个二、四分频电路,其状态转换表如表 2.6.13 所示(即为异步四进制加计数电路)。

表 2.6.13   状态转换表

N	Q_2	Q_1
0	0	0
1	0	1
2	1	0
3	1	1
4	0	0

(4) 图 2.6.8 所示电路中,如果 JK 触发器为下降沿触发方式(如集成电路 74LS112),那么该电路的状态转换表是怎样的?

2.6.6   实验仪器和器材

(1) 电子技术实验系箱 MS-ⅢA 型(含直流稳压电源)1 台;

(2) 双踪示波器 4318 型 1 台;

(3) 数字万用表 1 只;

(4) CC4013、CC4027 芯片各 1 片。

2.7(实验 7)   计数器、译码器和数码显示器

2.7.1   实验目的

(1) 掌握计数器的逻辑功能及使用方法。

(2) 熟悉译码器和数码显示器的使用方法。

2.7.2   实验原理

1) 计数器

计数器的种类很多,按其工作方式,分为同步式和异步式;按计数的进制,分为二进制、十进制和其他进制计数器;如按计数方式,分为加计数、减计数和可逆计数器等。下面仅以

CC4518 为例,对集成计数器的功能和应用加以介绍。

（1）CC4518 的功能

CC4518 为双二—十进制同步加计数器,其逻辑符号如图 2.7.1 所示,功能表如表 2.7.1 所示,引脚排列图见附录 C。

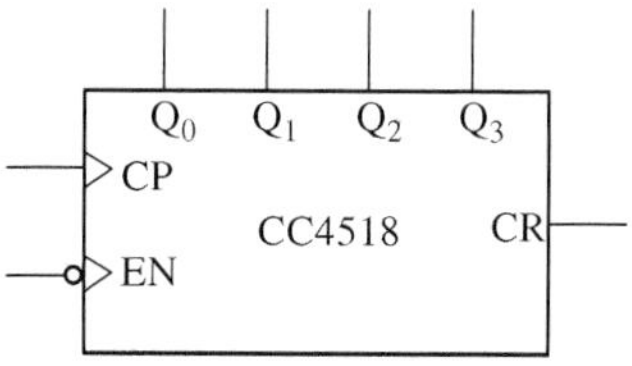

表 2.7.1 CC4518 功能表

输　入			输　出			
CP	EN	CR	Q_3	Q_2	Q_1	Q_0
↑	1	0	加计数			
0	↓	0	加计数			
↓	×	0	不　变			
×	↑	0	不　变			
↑	0	0	不　变			
1	↓	0	不　变			
×	×	1	0	0	0	0

图 2.7.1 CC4518 逻辑符号

由 CC4518 的功能表可见,CR 是清零端,高电平有效,不用时应置低电平。计数脉冲的输入方式有两种:一种是计数脉冲由 CP 端输入,为上升沿触发,EN 端接高电平;另一种是计数脉冲由 EN 端输入,是下降沿触发,CP 端接低电平。

（2）CC4518 的应用

① 基本应用——实现十进制加计数

图 2.7.2(a) 是模为 10 的加计数电路,CP、CR 接地,计数脉冲 N 由 EN 端输入就实现了十进制加计数。每来一个计数脉冲,计数器就加 1,工作波形如图 2.7.2(b) 所示。

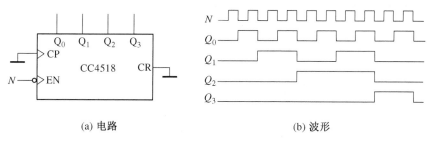

(a) 电路　　　　　　　　　　　　　　　(b) 波形

图 2.7.2 CC4518 构成十进制加计数器的电路及波形图

图 2.7.3 为用 CC4518 中的两个十进制计数器构成的模为 100 的加计数器。个位计数器的 EN 端每来一个计数脉冲,就实现加 1。十位计数器的 EN 接个位计数器的 Q_3,只有当个位计数器接收到第 10 个计数脉冲,Q_3 由"1"变为"0",产生下降沿,才使十位计数器加 1。

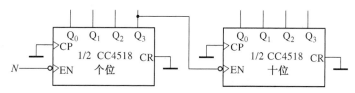

图 2.7.3 CC4518 构成模 100 的加计数器

② 实现非十进制加计数

利用 CC4518 的直接清零功能,将输出信号反馈到清零端(有时需加少量的门电路)就可以实现任意进制的加计数器。

例如,用 CC4518 实现六进制计数器的电路如图 2.7.4(a)所示。

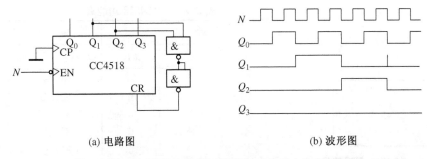

(a) 电路图　　　　　　　　　　　　(b) 波形图

图 2.7.4　用 CC4518 采用反馈清零法构成六进制计数器

设 Q_3、Q_2、Q_1、Q_0 初态全为 0,则在前 5 个计数脉冲作用下,均按十进制规律正常计数,而当第 6 个计数脉冲下降沿到来时,Q_3、Q_2、Q_1、Q_0 的状态变为 0110,Q_2、Q_1 经过与门(图 2.7.4(a)中用两个与非门来实现逻辑与)使 CR 端由原来的 0 变为 1,立刻清零,使 $Q_3 \sim Q_0$ 变为 0,从而实现模 6 加计数。必须注意到,计数循环中,$Q_3 \sim Q_0$ 的 6 个状态是从 0000 到 0101,它们各持续一个计数脉冲周期,而 0110 只是一个瞬态,只停留极短暂的时间,波形图如图 2.7.4(b)所示。

2) 译码器和数码显示器

计数器的输出(用二进制代码表示的数),经译码器驱动数码显示器,就可以直接显示出数字。本实验中采用 CC4511 七段锁存/译码/驱动器和共阴极数码管 SM4205。

CC4511 的逻辑符号如图 2.7.5 所示,功能表如表 2.7.2 所示,引脚排列图见附录 C。

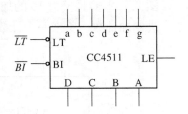

图 2.7.5　CC4511 逻辑符号

表 2.7.2　CC4511 功能表

输　　入							输　　出						
LE	$\overline{BI}$	$\overline{LT}$	D	C	B	A	a	b	c	d	e	f	g
×	×	0	×	×	×	×	1	1	1	1	1	1	1
×	0	1	×	×	×	×	0	0	0	0	0	0	0
0	1	1	0	0	0	0	1	1	1	1	1	1	0
0	1	1	0	0	0	1	0	1	1	0	0	0	0
0	1	1	0	0	1	0	1	1	0	1	1	0	1
0	1	1	0	0	1	1	1	1	1	1	0	0	1
0	1	1	0	1	0	0	0	1	1	0	0	1	1
0	1	1	0	1	0	1	1	0	1	1	0	1	1
0	1	1	0	1	1	0	1	0	1	1	1	1	1
0	1	1	0	1	1	1	1	1	1	0	0	0	0
0	1	1	1	0	0	0	1	1	1	1	1	1	1
0	1	1	1	0	0	1	1	1	1	0	0	1	1

（续表 2.7.2）

输入							输出						
LE	$\overline{BI}$	$\overline{LT}$	D	C	B	A	a	b	c	d	e	f	g
0	1	1	1 1 1 1 1 1	0 0 1 1 1 1	1 1 0 0 1 1	0 1 0 1 0 1	0	0	0	0	0	0	0
1	1	1	×	×	×	×	输出状态锁定						

译码器 CC4511 的输入 D、C、B、A 为 8421 码,输出 a、b、c、d、e、f、g 为高电平输出有效,另有 3 条输入控制端 LE(高电平有效)、$\overline{BI}$、$\overline{LT}$(低电平有效)。

$\overline{LT}$ 为灯测试端,优先级最高。只要 $\overline{LT}$ 为低电平,无论其他输入端的状态如何,译码器的输出 $a\sim g$ 全为高电平,使七段数码显示器显示 8 字型,此功能用于测试数码管是否完好。

$\overline{BI}$ 为灭灯输入,优先级次之。在 $\overline{LT}=1$ 条件下,$\overline{BI}$ 接低电平,则输出 $a\sim g$ 全为低电平,数码管熄灭不亮。

LE 为锁定输入,优先级再次之。在 $\overline{LT}=1$、$\overline{BI}=1$ 条件下,LE 接高电平,则输出 $a\sim g$ 状态锁定,保持不变。

因此,CC4511 在译码工作状态时,必须 $\overline{LT}=1$、$\overline{BI}=1$、$LE=0$。

七段共阴极数码显示器 SM4205 的七段字型、引脚如图 2.7.6(a)所示。其内部电路的发光二极管为共阴极接法,如图 2.7.6(b)所示。当 b、c 接高电平时,b、c 段发光二极管亮,则显示 1,其他类推。

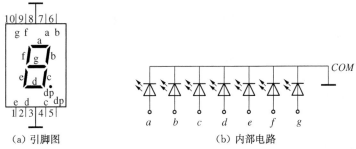

(a) 引脚图   (b) 内部电路

图 2.7.6 引脚图和内部电路

2.7.3 实验内容

1）用 CC4518、CC4511、SM4205 构成十进制计数、译码、显示电路

实验电路如图 2.7.7 所示。

（1）静态实验:验证电路实现十进制计数、译码、显示。

N 接单脉冲,每按一次单脉冲按键,来一个计数脉冲,数码管显示数字加 1,在 0～9 之间变化。

（2）动态实验:观察 CC4518 输出 Q_3、Q_2、Q_1、Q_0 及计数脉冲的波形。

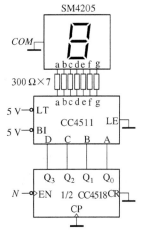

图 2.7.7 十进制计数译码显示电路

　　N 接连续脉冲，$f=1\,024$ Hz，用示波器观察 $Q_3\sim Q_0$ 及 N 的波形，注意它们的时序关系，把波形记录下来。（观察时 N 应展现 10 个脉冲波形。）

　　2）用 CC4518、CC4511、SM4205 和门电路构成 10 以内任意进制（如七进制、八进制等）计数、译码、显示电路

　　实验电路自己设计。

　　（1）静态实验：验证电路实现七进制（或八进制）计数、译码、显示。

　　（2）动态实验：用示波器观察 CC4518 输出 Q_3、Q_2、Q_1、Q_0 和计数脉冲 N 的波形，记录之。

　　3）用 CC4518、CC4511、SM4205 和门电路构成十二进制计数、译码、显示电路

　　实验电路自行设计。

　　（1）静态实验：验证电路实现十二进制计数、译码、显示。

　　（2）动态实验：用示波器观察 N，个位 CC4518 的输出 Q_0、Q_1、Q_2、Q_3 及十位 CC4518 的输出 Q_0 的波形，记录之。

2.7.4　预习要求

　　（1）搞清 CC4518、CC4511 的使用方法。

　　（2）自己设计出用 CC4518 和门电路实现七进制（或八进制）计数、译码、显示电路。

　　（3）了解实验中怎样才能正确观察到 Q_3、Q_2、Q_1、Q_0 和 N 波形的时序关系。

2.7.5　思考题

　　（1）用 1 片 CC4518 中 2 个十进制计数器级联构成 1 个百进制计数器，能否将计数脉冲加在 CP 端？ 如能，试画出电路图。（提示：需加门电路。）

　　（2）七段译码/驱动器 74LS247 的输出 $a\sim g$ 为低电平有效，那么应采用共阴极还是共阳极数码管显示？

　　（3）用 1 片 CC4518 和门电路构成 1 个二十四（或六十）进制计数器，画出电路。

2.7.6　实验仪器和器材

　　（1）电子技术实验箱 MS‑ⅢA 型（含直流稳压电源）1 台；

　　（2）双踪示波器 4318 型 1 台；

　　（3）数字万用表 1 只；

　　（4）CC4518、CC4511、SM4205、74LS00、74LS10 芯片各 1 片。

2.8（实验 8）　移位寄存器

2.8.1　实验目的

　　（1）了解移位寄存器的逻辑功能。

　　（2）掌握移位寄存器的应用。

2.8.2　实验原理

　　移位寄存器是一种不仅具有存储数据，同时还具有移位功能的器件。移位功能是指寄

存器中存储的数据可以在移位脉冲的作用下依次左移或者右移。

因为数据可以按序逐位从最低位或者最高位串行输入移位寄存器中,也可以通过置数端并行输入移位寄存器,所以移位寄存器的输入、输出方式有并行输入/并行输出、并行输入/串行输出、串行输入/串行输出、串行输入/并行输出等 4 种。移位寄存器主要应用于实现数据传输方式的转换(串行与并行之间的转换)、脉冲分配、序列信号产生以及构成计数器等。

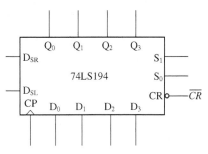

74LS194 是一个 4 位双向移位寄存器,它的逻辑符号如图 2.8.1 所示。$D_0D_1D_2D_3$ 和 $Q_0Q_1Q_2Q_3$ 分别是并行数据输入端和输出端;CP 是时钟输入端;$\overline{CR}$ 是直接清零端,低电平有效;D_{SR} 和 D_{SL} 分别是右移和左移时的

图 2.8.1 74LS194 的逻辑符号

串行数据输入端;S_1 和 S_0 是工作状态控制输入端。74LS194 的功能表如表 2.8.1 所示。

由功能表可以看出,当 $\overline{CR}=0$,即只要在直接清零端加负脉冲,就可将输出全部清零。当 $S_1S_0=11$ 时,并行送数,将 $D_0 \sim D_3$ 端的数据 $d_0 \sim d_3$ 送至 $Q_0 \sim Q_3$;$S_1S_0=01$ 时,右移(方向由 $Q_0 \rightarrow Q_3$,Q_0 接收 D_{SR});$S_1S_0=10$ 时,左移(方向由 $Q_3 \rightarrow Q_0$,Q_3 接收 D_{SL});$S_1S_0=00$ 时,保持。上述并行送数、右移、左移操作都是在 CP 上升沿作用下实现的。

表 2.8.1 74LS194 的功能表

功能	输 入										输 出			
	$\overline{CR}$	S_1	S_0	CP	D_{SL}	D_{SR}	D_0	D_1	D_2	D_3	Q_0^{n+1}	Q_1^{n+1}	Q_2^{n+1}	Q_3^{n+1}
清除	0	×	×	×	×	×	×	×	×	×	0	0	0	0
保持	1	×	×	0	×	×	×	×	×	×	保持	保持	保持	保持
	1	0	0	×	×	×	×	×	×	×	保持	保持	保持	保持
送数	1	1	1	↑	×	×	d_0	d_1	d_2	d_3	d_0	d_1	d_2	d_3
右移	1	0	1	↑	×	1	×	×	×	×	1	Q_0^n	Q_1^n	Q_2^n
	1	0	1	↑	×	0	×	×	×	×	0	Q_0^n	Q_1^n	Q_2^n
左移	1	1	0	↑	1	×	×	×	×	×	Q_1^n	Q_2^n	Q_3^n	1
	1	1	0	↑	0	×	×	×	×	×	Q_1^n	Q_2^n	Q_3^n	0

下面举例说明移位寄存器的几种应用。

1) 实现二进制码的串行传输

二进制码的串行传输在计算机接口电路的通信中是十分常用的。图 2.8.2 所示电路为用移位寄存器 74LS194 构成的二进制码串行传输电路,图中 74LS194(1)作为发送端,74LS194(2)作为接收端。假设已预先使 74LS194(1)送数,$Q_0Q_1Q_2Q_3=1101$,74LS194(2)清零,那么由于 $S_1S_0=01$,为右移工作方式,每来一个时钟脉冲 CP 后,则 74LS194(1)、74LS194(2)输出右移一位,第 4 个 CP 到来后,74LS194(2)的输出 $Q_0Q_1Q_2Q_3=1101$。在此过程中,74LS194(1)是并行输入,串行输出;74LS194(2)是串行输入,并行输出。

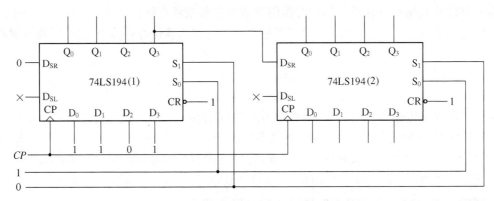

图 2.8.2　74LS194 构成的二进制码串行传输电路

2) 构成移位型计数器

图 2.8.3(a)所示电路为由 74LS194 构成的 4 位环形计数器(又称为脉冲发生器)。该电路工作需先置初态:令 $S_1 S_0 = 11$,为同步置数工作方式,在时钟脉冲 CP 上升沿的作用下,将 $Q_0 Q_1 Q_2 Q_3$ 置为 1000。当 $S_1 S_0 = 01$ 后,进入右移工作方式,在 CP 时钟的作用下,Q_0、Q_1、Q_2、Q_3 依次为高电平。该电路状态转换表如表 2.8.2 所示,波形图为图 2.8.3(b)所示。

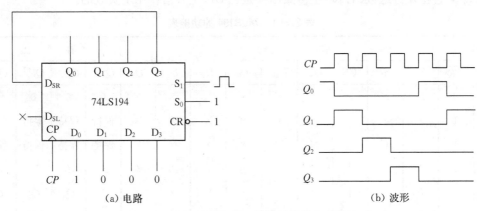

| （a）电路 | （b）波形 |

图 2.8.3　74LS194 构成环形计数器的电路及波形

表 2.8.2　环形计数器状态转换表

CP	Q_0	Q_1	Q_2	Q_3
0	1	0	0	0
1	0	1	0	0
2	0	0	1	0
3	0	0	0	1
4	1	0	0	0

若将图 2.8.3(a)所示环形计数器电路稍加改动,将 Q_3 经反相器得到 $\overline{Q_3}$,再送至 D_{SR},就构成了 4 位扭环形计数器,如图 2.8.4(a)所示。该电路工作应预置初态,使 $Q_0 Q_1 Q_2 Q_3$ 均为 0,这可通过在直接清零端加负脉冲直接清零来实现;由于 $S_1 S_0 = 01$,为右移工作方式,在

CP脉冲上升沿的作用下,该电路的状态转换表如表 2.8.3 所示,$Q_0Q_1Q_2Q_3$ 的波形图如图 2.8.4(b)所示。

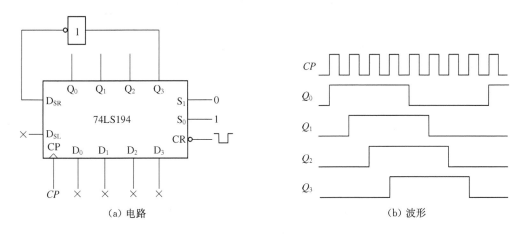

（a）电路　　　　　　　　　　　　　　　（b）波形

图 2.8.4　74LS194 构成扭环形计数器

表 2.8.3　扭环形计数器状态转换表

CP	Q_0	Q_1	Q_2	Q_3
0	0	0	0	0
1	1	0	0	0
2	1	1	0	0
3	1	1	1	0
4	1	1	1	1
5	0	1	1	1
6	0	0	1	1
7	0	0	0	1
8	0	0	0	0

3）构成序列信号发生器

在数字信号的传输和数字系统的测试中,有时需要用到一组特定的串行数字信号,通常将这种串行的数字信号称为序列信号。

用带有反馈逻辑电路的移位寄存器可以方便地产生序列信号。例如,要求产生序列信号 01011,则可用 74LS194 加上反馈逻辑电路构成,如图 2.8.5(a)所示,移位寄存器 Q_0 端的串行输出信号即为所要求的序列信号。

反馈逻辑电路的设计方法如下,先根据要求产生的序列信号,列出移位寄存器应具有的状态转换表,如表 2.8.4 所示,再由状态转换表画出 D_{SL} 的卡诺图,如图 2.8.5(b)所示,经化简可得到 D_{SL} 的表达式。

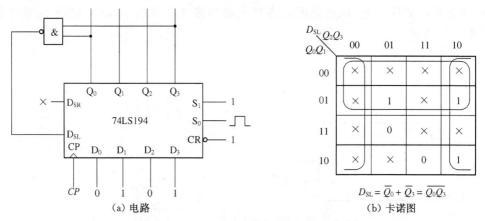

(a) 电路   (b) 卡诺图

图 2.8.5 用 74LS194 构成序列信号发生器

表 2.8.4 序列信号发生器状态转换表

CP	Q_0	Q_1	Q_2	Q_3	D_{SL}
0	0	1	0	1	1
1	1	0	1	1	0
2	0	1	1	0	1
3	1	0	0	1	0
4	1	0	1	0	1
5	0	1	0	1	1

2.8.3 实验内容

1) 测试 74LS194 逻辑功能

按图 2.8.6 接好电路，S_1、S_0、$\overline{CR}$ 接逻辑开关，$Q_0 \sim Q_3$ 接指示灯，CP 接单脉冲，实验结果记录于表 2.8.5。

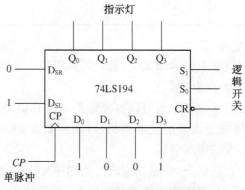

图 2.8.6 74LS194 逻辑功能测试电路

(1) 清零：$\overline{CR}$ 加负脉冲（即 $\overline{CR}$ 由 1→0，再由 0→1），观察各灯亮暗，记录实验结果。

(2) 并行送数：令 $S_1 S_0 = 11$，CP 加单脉冲，记录实验结果。

(3) 右移：令 $S_1 S_0 = 01$，CP 每加单脉冲一次，记录相应的实验结果，共加单脉冲 4 次。

(4) 左移:令 $S_1S_0=10$,实验步骤同"右移"方式。

(5) 保持:令 $S_1S_0=00$,CP 加单脉冲,记录实验结果。

表 2.8.5

功能	$\overline{CR}$	S_1	S_0	CP	D_{SR}	D_{SL}	Q_0	Q_1	Q_2	Q_3
清零	⊔	×	×	0	0	1				
并行送数	1	1	1	1	0	1				
右移	1	0	1	2	0	1				
	1	0	1	3	0	1				
	1	0	1	4	0	1				
	1	0	1	5	0	1				
左移	1	1	0	6	0	1				
	1	1	0	7	0	1				
	1	1	0	8	0	1				
	1	1	0	9	0	1				
保持	1	0	0	10	0	1				

2)用移位寄存器实现数据的串行传输

按图 2.8.2 接线,实验结果填入表 2.8.6 中。

表 2.8.6

CP	74LS194(1)				74LS194(2)			
	Q_0	Q_1	Q_2	Q_3	Q_0	Q_1	Q_2	Q_3
0								
1								
2								
3								
4								

3)用移位寄存器构成环形计数器

按图 2.8.3(a)接好电路。

(1) 静态实验:移位寄存器 CP 端接单脉冲,输出端接指示灯,列出实验结果状态转换表。

(2) 动态实验:移位寄存器 CP 端接连续脉冲,频率 $f=1\ 024\ \text{Hz}$,输出端接示波器,观察且记录下各输出端波形。

4)用移位寄存器构成扭环形计数器

按图 2.8.4(a)接好电路,实验要求同内容3)。

5)用移位寄存器构成序列信号发生器

自行设计电路,产生序列信号 01101,由 Q_0 输出。

（1）静态实验

移位寄存器 CP 端接单脉冲,输出端 Q_0 接指示灯,先并行送数,再采用左移工作方式,记录实验结果（Q_0 的状态转换表）。

（2）动态实验

移位寄存器 CP 端接连续脉冲,$f = 1\ 024$ Hz,用示波器观察且记录 CP 和 Q_0 的波形图。

2.8.4　预习要求

（1）了解 74LS194 的功能和使用方法。

（2）图 2.8.2 所示电路,了解实验时如何先使 74LS194(1)预先置数,然后为右移工作方式,74LS194(2)如何清零。

（3）设计好产生序列信号 01101 的电路。

2.8.5　思考题

（1）图 2.8.3(a)、图 2.8.4(a)电路有无自启动能力？

（2）如何用 2 片 74LS194 级联,实现 8 位环形计数器,在时钟脉冲作用下,循环移位一个"0"。

2.8.6　实验仪器和器材

（1）电子技术实验箱 MS-Ⅲ A 型（含直流稳压电源）1 台；

（2）双踪示波器 4318 型 1 台；

（3）数字万用表 1 只；

（4）74LS194 芯片 2 片,74LS00、74LS04 芯片各 1 片。

2.9（实验 9）　555 定时器及其应用

2.9.1　实验目的

（1）熟悉 555 定时器的组成及功能。

（2）掌握 555 定时器的基本应用。

（3）进一步掌握用示波器测量脉冲波形的幅值和周期。

2.9.2　实验原理

555 定时器（又称时基电路）是一个模拟与数字混合型的集成电路,其应用非常广泛。按其工艺分双极型和 CMOS 型两类,每种类型又分有单定时器和双定时器。双极型单定时器型号的最后 3 位是 555,双定时器是 556；COMS 单定时器型号的最后 4 位数是 7555,双定时器是 7556,这两种类型的引脚排列和逻辑功能完全相同。

1）555 定时器的组成和功能

图 2.9.1(a)、(b)分别是 555 定时器内部组成框图和逻辑符号。555 定时器主要由 2 个高精度电压比较器 A_1、A_2,1 个 RS 触发器,1 个放电三极管和 3 个 5 kΩ 电阻的分压器构成。

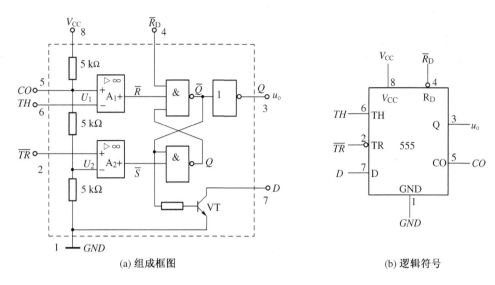

(a) 组成框图　　　　　　　　　　　　　　　　(b) 逻辑符号

图 2.9.1　555 定时器的组成框图及逻辑符号

各个引脚功能如下：

1 脚：接地端。

8 脚：外接电源端。双极型定时器电源 V_{CC} 的范围是 $4.5 \sim 16\,V$；CMOS 型定时器电源 V_{DD} 的范围为 $3 \sim 18\,V$。一般用 $5\,V$。

3 脚：输出端 Q。

2 脚：$\overline{TR}$ 触发输入端。

6 脚：TH 阈值输入端。

4 脚：$\overline{R}_D$ 直接清零端。当 $\overline{R}_D$ 端接低电平，则定时器不工作，此时不论 $\overline{TR}$、TH 处于何电平，定时器输出为"0"，该端不用时应接高电平。

5 脚：CO 控制电压端。若此端外接电压，则可改变内部 2 个比较器的基准电压，当该端不用时，应将该端串入一只 $0.01\,\mu F$ 电容接地，以防引入干扰。

7 脚：D 放电端。该端与放电管集电极相连，用做外接电容的放电。

在 1 脚接地，5 脚未外接电压，2 个比较器 A_1、A_2 基准电压分别为 $2V_{CC}/3$、$V_{CC}/3$ 的情况下，555 时基电路的功能表如表 2.9.1 示。

表 2.9.1　555 定时器的功能表

清零端 $\overline{R}_D$	阈值端 TH	触发端 $\overline{TR}$	Q^{n+1}	放电管 VT 状态	功　　能
0	$\times$	$\times$	0	导通	直接清零
1	$> \dfrac{2}{3}V_{CC}$	$> \dfrac{1}{3}V_{CC}$	0	导通	置 0
1	$< \dfrac{2}{3}V_{CC}$	$< \dfrac{1}{3}V_{CC}$	1	截止	置 1
1	$< \dfrac{2}{3}V_{CC}$	$> \dfrac{1}{3}V_{CC}$	Q^n	不变	保持

2）555 定时器的应用

（1）构成多谐振荡器（方波发生器）

用 555 定时器构成多谐振荡器的电路和工作波形如图 2.9.2(a)和(b)所示。

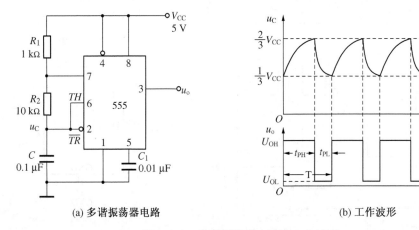

(a) 多谐振荡器电路　　　　　　　　　　　(b) 工作波形

图 2.9.2　多谐振荡器电路和工作波形

接通电源后,假定 u_o 是高电平,则 VT 截止,电容 C 充电。充电回路是 V_{CC}—R_1—R_2—C—地,u_C 按指数规律上升,当 u_C 上升到 $2V_{CC}/3$ 时(TH、$\overline{TR}$ 端电平大于 $2V_{CC}/3$),输出 u_o 翻转为低电平。u_o 是低电平,VT 导通,C 放电,放电回路为 C—R_2—VT—地,u_C 按指数规律下降,当 u_C 下降到 $V_{CC}/3$ 时(TH、$\overline{TR}$ 端电平小于 $V_{CC}/3$),u_o 输出翻转为高电平,放电管 VT 截止,电容再次充电,如此周而复始,产生振荡,输出方波。经分析可得:输出高电平时间 t_{PH}、输出低电平时间 t_{PL}、振荡周期 T、输出方波的占空比 D 分别为:

$$t_{PH}=0.7(R_1+R_2)C$$

$$t_{PL}=0.7R_2C$$

$$T=t_{PH}+t_{PL}=0.7(R_1+2R_2)C$$

$$D=\frac{t_{PH}}{T}=\frac{R_1+R_2}{R_1+2R_2}$$

(2) 构成单稳态触发电路

用 555 定时器构成的单稳态触发电路和工作波形如图 2.9.3(a)和(b)所示。

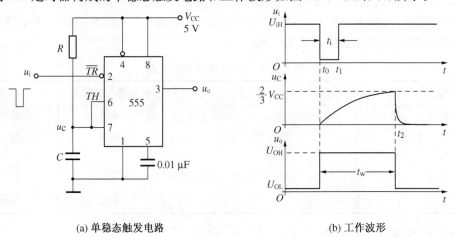

(a) 单稳态触发电路　　　　　　　　　　　(b) 工作波形

图 2.9.3　单稳触发电路和工作波形

接通电源后，未加负脉冲，$u_i > V_{CC}/3$，而 C 充电，u_C 上升，当 $u_C > 2V_{CC}/3$ 时，电路 u_o 输出为低电平，放电管 VT 导通，C 快速放电，使 $u_C = 0$。这样，在加负脉冲前，u_o 为低电平，$u_C = 0$，这是电路的稳态。在 $t = t_0$ 时刻，u_i 负跳变（$\overline{TR}$ 端电平小于 $V_{CC}/3$），而 $u_C = 0$（TH 端电平小于 $2V_{CC}/3$），所以输出 u_o 翻为高电平，VT 截止，C 充电，u_C 按指数规律上升。$t = t_1$ 时，u_i 负脉冲消失。$t = t_2$ 时 u_C 上升到 $2V_{CC}/3$（此时 TH 端电平大于 $2V_{CC}/3$，$\overline{TR}$ 端电平大于 $V_{CC}/3$），u_o 又自动翻为低电平。在 $t_0 \sim t_2$ 这段时间电路处于暂稳态。$t > t_2$，VT 导通，C 快速放电，电路又恢复到稳态。由分析可得：输出正脉冲宽度 $t_W = 1.1RC$。

注意：图 2.9.3(a) 电路只能用窄负脉冲触发，即触发脉冲宽度 t_i 必须小于 t_W。

（3）构成施密特触发器

用 555 定时器构成的施密特触发器如图 2.9.4(a) 所示，图中将 555 定时器的阈值端 TH(6 脚) 和触发端 $\overline{TR}$(2 脚) 接在一起，作为电路的输入端。

设电路的输入信号 u_i 为三角波，则：

当 u_i 由小上升，$u_i < \dfrac{2}{3}V_{CC}$ 时，电路的输出 u_o 为高电平；

当 u_i 上升到 $u_i \geqslant \dfrac{2}{3}V_{CC}$ 时，电路的输出 u_o 为低电平；

当 u_i 由最大下降，到 $u_i \leqslant \dfrac{1}{3}V_{CC}$ 时，电路的输出 u_o 又为高电平。如此循环，电路的输出 u_o 为方波，实现了由三角波到方波的波形交换。波形图如图 2.9.4(b) 所示。

施密特触发器具有滞回形状的电压传输特性，如图 2.9.4(c) 所示，其中：

上门限电压：
$$U_{TH} = \frac{2}{3}V_{CC}$$

下门限电压：
$$U_{TL} = \frac{1}{3}V_{CC}$$

回差电压为：
$$\Delta U_T = U_{TH} - U_{TL} = \frac{1}{3}V_{CC}$$

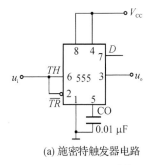

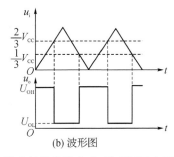

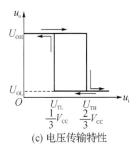

(a) 施密特触发器电路 (b) 波形图 (c) 电压传输特性

图 2.9.4 施密特触发器电路、波形图及电压传输特性

如果将 555 定时器的控制电压端 CO(5 脚) 不是经 0.01 μF 电容接地，而是接至控制电压 U_C，那么改变 U_C 的大小就可以改变回差电压的大小。

如果将 555 定时器的放电端 D(7 脚) 经一电阻接至另一电源 V'_{CC}，且 V'_{CC} 的数值与 V_{CC} 不同，那么由放电端输出的信号可实现电平转换。

2.9.3　实验内容

1）用 555 定时器构成多谐振荡器

（1）连接如图 2.9.2(a)所示多谐振荡器电路。

（2）用示波器观察、记录输出电压 u_o 和电容电压 u_C 的波形，测出 U_{OH}、U_{OL}、U_{C1}（峰点值）、U_{C2}（谷点值）及周期 T 的数值，且算出 T 的理论值，与实测值相比较。

2）用 555 定时器构成占空比可调（周期不变）的多谐振荡器

（1）连接好图 2.9.5 示电路。

（2）调节 R_P，用示波器观察 u_o、u_C 的波形，观察占空比的变化。

（3）在 R_P 活动头分别移至两端的情况下，测出输出 u_o 的 T、t_{PH}、t_{PL}，计算出占空比 D。

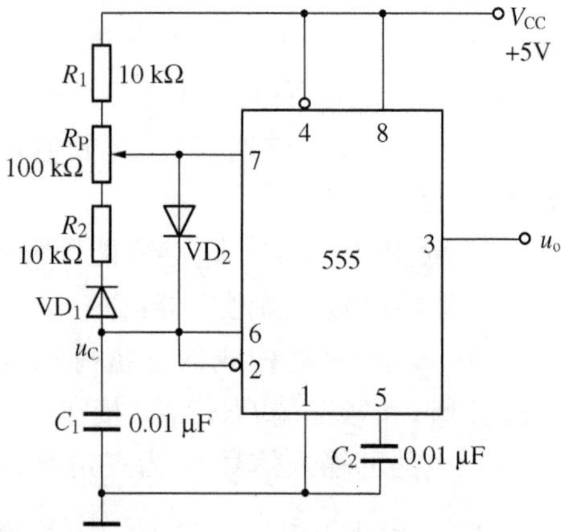

图 2.9.5　占空比可调的多谐振荡器

3）用 555 定时器构成单稳态触发电路

（1）按图 2.9.6 连接好电路。当触发器脉冲宽度 t_i 大于单稳态触发电路输出脉冲宽度 t_w 时，应如图中所示接入 R_1、C_1 微分电路，使 555 定时器 2 脚输入负脉冲为窄脉冲。

（2）u_i 接连续脉冲 $f=512$ Hz，用示波器观察、记录 u_i、u_2、u_C 及 u_o 的波形（以 u_i 为触发信号），测出 u_o 的脉冲宽度 t_w，且与理论值相比较。

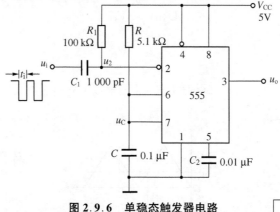

图 2.9.6　单稳态触发器电路

4）用 555 定时器构成施密特触发器

（1）按图 2.9.7 连接好电路。

（2）输入信号 u_i 为三角波，频率 $f=1\,000$ Hz，峰-峰值 $U_{Ip\text{-}p}=5$ V，用示波器观察、记录 u_i、u_2 及 u_o 的波形。

（3）用示波器观察电压传输特性曲线 $u_o=f(u_2)$，并测出输出高电平 U_{OH}、输出低电平 U_{OL}、上门限电压

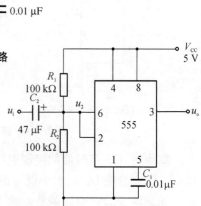

图 2.9.7　施密特触发器

U_{TH}及下门限电压U_{TL}的数值。

5）设计电路

设计一个用 555 定时器构成的多谐振荡器,要求方波的周期为 1 ms,占空比为 60%。

2.9.4　预习要求

（1）了解 555 定时器的功能和应用。

（2）理论计算出图 2.9.2(a)多谐振荡器输出方波的周期 T。

（3）理论计算图 2.9.6 单稳态触发电路的输出脉冲宽度 t_W。

（4）了解图 2.9.6 中 R_1、C_1 微分电路的作用。u_i 为连续脉冲,对应地分析、画出 u_2 的波形。

2.9.5　思考题

（1）用两片 555 定时器设计一个间歇单音发生电路,要求发出单音频率约为 1 kHz,发音时间约为 0.5 s,间歇时间约为 0.5 s。

（2）图 2.9.5 电路中指出电容 C 充电、放电途径。写出振荡周期 T 和占空比 D 的表达式。计算出 R_P 活动头分别移至两端情况下的占空比。

（3）图 2.9.6 中,设微分电路的输入连续脉冲周期为 T_i,R_1、C_1 的参数应如何选择?

（4）实验内容 3），图 2.9.6 中如果不采用 R_1、C_1 微分电路,即 u_i 直接接至定时器的 2 脚,是否还能得到原来脉冲宽度 t_W 的输出脉冲。试画出 u_i、u_C 及 u_o 的波形。

（5）图 2.9.7 中,R_1、R_2 和 C_2 的作用是什么? u_2 和 u_i 有什么区别?

2.9.6　实验仪器和器材

（1）电子技术实验箱 MS-ⅢA 型(含直流稳压电源)1 台;

（2）双踪示波器 4318 型 1 台;

（3）数字万用表 1 只;

（4）555 定时器 1 片。

2.10（实验 10）　D/A 转换器和 A/D 转换器

2.10.1　实验目的

（1）了解 D/A 转换器和 A/D 转换器的基本工作原理。

（2）掌握 DAC0832 和 ADC0809 的使用方法。

2.10.2　实验原理

1) D/A 转换器

D/A 转换器(DAC)的功能是将数字量转换为模拟量。各种类型的 DAC 器件都由参考电压源、电阻网络(权电阻网络、T 形电阻网络或倒 T 形电阻网络)和电子开关三个基本部分组成。

本实验所用的 DAC0832 是一个 8 位 CMOS 集成电路,它的组成框图和引脚图如

图 2.10.1所示。

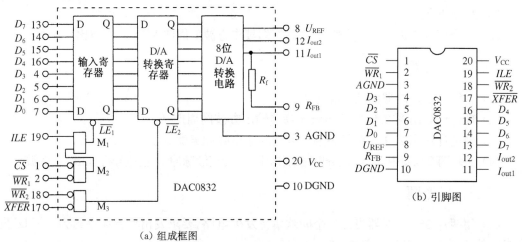

（a）组成框图

图 2.10.1　DAC0832 的组成框图和引脚

DAC0832 核心部分 8 位 D/A 转换电路是由参考电压、T 形电阻网络和电子开关组成，电路如图 2.10.2 所示。

倒 T 形电阻网络能输出与数字量成正比的模拟电流，因此 DAC0832 需要外接运算放大器才能得到模拟电压输出。

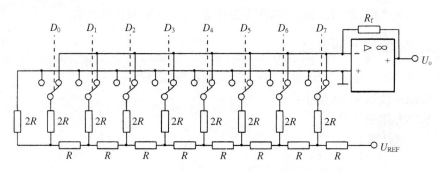

图 2.10.2　倒 T 形电阻网络 D/A 转换电路

运算放大器的输出电压为：

$$U_o = \frac{U_{REF}R_f}{2^8 R}(D_7 \times 2^7 + D_6 \times 2^6 + \cdots + D_0 \times 2^0)$$

由于 $R = R_f$，所以：

$$U_o = \frac{U_{REF}}{2^8}(D_7 \times 2^7 + D_6 \times 2^6 + \cdots + D_0 \times 2^0)$$

DAC0832 各引脚的功能如下：

$D_7 \sim D_0$：数字信号输入端。

$\overline{CS}$：片选信号端，低电平有效。即当 $\overline{CS}$ 为低电平时，本片被选中工作。

ILE：允许数字量输入端，高电平有效。当 ILE 为高电平时，8 位输入寄存器允许数字量输入。

$\overline{XFER}$：数据传送控制信号端，低电平有效。

$\overline{WR_1}$、$\overline{WR_2}$：两个写信号输出端,低电平有效。$\overline{WR_1}$用于控制数字量输入到输入寄存器。若 ILE 为高电平,$\overline{CS}$和$\overline{WR_1}$均为低电平,则与门 M_1 输出高电平,此时输入寄存器接收输入数据;若上述条件中有一个不满足,则 M_1 输出低电平,输入寄存器锁存数据。$\overline{WR_2}$用于控制 D/A 转换时间,若$\overline{XFER}$和$\overline{WR_2}$同时为低电平,则 M_3 输出高电平,输入寄存器中的数据送入 D/A 转换寄存器,并送 D/A 转换电路进行转换;否则,M_3 输出低电平,D/A 转换寄存器锁存数据。

R_{FB}：反馈电阻连接端,通常接至运算放大器输出端。

I_{out1}、I_{out2}：两个模拟电流输出端。$I_{out1}+I_{out2}$ 为一常数,若输入数字量全为"1",则 I_{out1} 最大,I_{out2} 最小;若数字量全为"0",则 I_{out1} 最小,I_{out2} 最大。为保证额定负载下输出电流的线性度,I_{out1} 和 I_{out2} 端的电位必须尽量接近地电平,所以,该两端通常接至运算放大器的输入端。

V_{CC}：电源输入端,范围为 5～15 V。

U_{REF}：基准电压输入端,一般在 -10～10 V 范围内,由稳压电源提供。

$AGND$、$DGND$：分别为模拟地端和数字地端。通常两个地接在一起。

DAC0832 有三种工作方式:

(1) 直接工作方式:$\overline{WR_1}$、$\overline{WR_2}$、$\overline{XFER}$及$\overline{CS}$接低电平,ILE 接高电平,即不用写信号控制,外部输入数据直通内部 8 位 D/A 转换器的数据输入端。

(2) 单缓冲工作方式:$\overline{WR_2}$、$\overline{XFER}$接低电平,使 8 位 D/A 转换寄存器处于直通状态,输入数据经过输入寄存器缓冲控制后直接进入 D/A 转换电路。

(3) 双缓冲工作方式:两个寄存器均处于受控状态,数据输入要经过两个寄存器缓冲控制后才进入 D/A 转换器。

2) A/D 转换器

A/D 转换器(ADC)的功能是将连续变化的模拟信号转换为与它成正比的数字信号。常用的 A/D 转换器从工作原理上可分为以下三种:

(1) 逐次逼近型 A/D 转换器,其结构不太复杂,转换速度也比较高,广泛应用于计算机接口电路中;

(2) 并行比较型 A/D 转换器,其转换速度高,但结构复杂,造价较高,只用于转换速度要求极高的场合;

(3) 双积分型转换器,其抗干扰能力强,转换精度高,但速度不够理想,常用于数字测量仪表中。

本实验中采用的 ADC0809 是 CMOS8 位集成逐次逼近型 A/D 转换器.

ADC0809 内部结构框图和引脚排列见图 2.10.3。ADC0809 的核心部分是 8 位 A/D 转换器,它由比较器、逐次逼近寄存器、D/A 转换器(包括树状开关、电阻网络和参考电压)、以及定时和控制四部分组成。

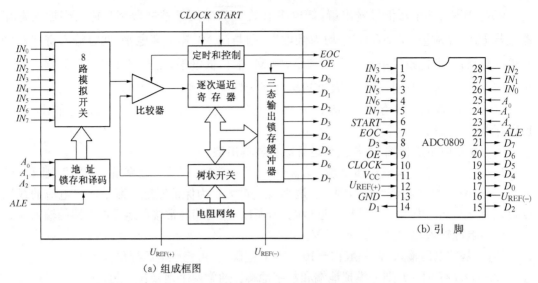

(a) 组成框图

(b) 引　脚

图 2.10.3　ADC0809 组成框图和引脚

ADC0809 各引脚的功能如下：

$IN_0 \sim IN_7$：8 路模拟信号输入端。

A_2、A_1、A_0：地址输入端。

ALE：地址锁存允许输入端，高电平有效，如当 $A_2A_1A_0=000$，ALE 为高电平时，选通 IN_0 模拟输入信号进行 A/D 转换，其余类推。使用时，通常将 ALE 端和 $START$ 端联在一起。

$START$：启动脉冲输入端，该脉冲由数字控制系统提供，脉冲宽度要大于 100 ns，上升沿清零逐次逼近寄存器，下降沿启动 A/D 转换。在 A/D 转换期间 $START$ 应保持低电平。

EOC：转换结束输出信号端。它在 A/D 转换开始时由高电平变为低电平，在转换结束时由低电平变为高电平。

$D_7 \sim D_0$：数字信号输出端。

OE：输出允许信号端，高电平有效。当 OE 为高电平时，$D_7 \sim D_0$ 端输出转换后的数字量。当 OE 为低电平时，$D_7 \sim D_0$ 端呈高阻态。

$CLOCK$：时钟输入端。外接时钟频率可为 10~1 280 kHz，其数值的大小决定 A/D 转换器速度，A/D 转换器的转换时间等于 64 个时钟周期。

V_{CC}：电源输入端。范围为 5~15 V。

GND：接地端。

$U_{REF(+)}$：基准电压正极。一般接 V_{CC}。

$U_{REF(-)}$：基准电压负极。一般接地。

2.10.3　实验内容

1) 用 DAC0832 实现 D/A 转换

(1) 按图 2.10.4 连接电路。数字信号输入端 $D_7 \sim D_0$ 分别接逻辑开关，电路输出端 U_o 接数字电压表。

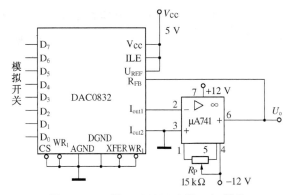

图 2.10.4 用 DAC0832 实现 D/A 转换

（2）调零。令 $D_7 \sim D_0$ 全部置 0，调节运算放大器的调零电位器 R_P 的活动头位置，使运算放大器输出电压 U_0 为 0。

（3）依次按表 2.10.1 中 $D_7 \sim D_0$ 所列状态，测出运算放大器输出电压 U_0 的数值，填入表中。

表 2.10.1

输 入								输出 U_0
D_7	D_6	D_5	D_4	D_3	D_2	D_1	D_0	（V）
0	0	0	0	0	0	0	0	0
0	0	0	0	0	0	0	1	
0	0	0	0	0	0	1	0	
0	0	0	0	0	1	0	0	
0	0	0	0	1	0	0	0	
0	0	0	1	0	0	0	0	
0	0	1	0	0	0	0	0	
0	1	0	0	0	0	0	0	
1	0	0	0	0	0	0	0	
1	1	1	1	1	1	1	1	

2）用 ADC0809 实现 A/D 转换

（1）按图 2.10.5 连接电路。CLOCK 端接连续脉冲，$f=200\ \text{kHz}$，8 路模拟输入信号 $IN_0 \sim IN_7$ 由 5 V 电源及 10 只 1 kΩ 电阻串联分压后得到，分别为 5.0 V、4.5 V、4.0 V、3.5 V、3.0 V、2.5 V、2.0 V、1.5 V，地址输入端 A_2、A_1、A_0 接逻辑开关，A/D 转换结果 $D_7 \sim D_0$ 接指示灯。

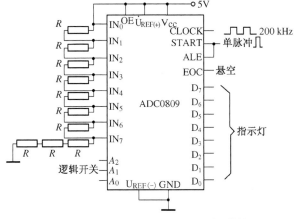

图 2.10.5 用 ADC0809 实现 A/D 转换

（2）置 $A_2A_1A_0$ 为 000,在 START 端加单脉冲(注意是正脉冲),则将 IN_0 通道模拟信号 5 V转换为数字量,转换结果填入表 2.10.2 中。依次置 $A_2A_1A_0$ 为 001,…,111,重复上述过程。

表 2.10.2

模拟通道	输入模拟量	地		址	输出数字量							
IN	U_i(V)	A_2	A_1	A_0	D_7	D_6	D_5	D_4	D_3	D_2	D_1	D_0
IN_0	5.0	0	0	0								
IN_1	4.5	0	0	1								
IN_2	4.0	0	1	0								
IN_3	3.5	0	1	1								
IN_4	3.0	1	0	0								
IN_5	2.5	1	0	1								
IN_6	2.0	1	1	0								
IN_7	1.5	1	1	1								

（3）将 IN_0 改接至 0～5 V 连续缓慢变化的电压,置 $A_2A_1A_0$ 为 000,将 START(及 ALE)改接至频率为 0.2 Hz 的连续脉冲,观察转换将是连续的,每隔 5 s, D_0～D_7 的状态改变一次。

2.10.4 预习要求

（1）了解 D/A 转换器和 A/D 转换器的功能、基本工作原理和结构。

（2）了解 DAC0832 和 ADC0809 的各个引脚的功能。

2.10.5 思考题

（1）欲使图 2.10.4 中电路的输出电压为正极性,应采取什么措施?

（2）图 2.10.5 电路,欲对 8 路输入信号自动循环地进行 A/D 转换,怎样才能实现?

2.10.6 实验仪器和器材

（1）电子技术实验箱 MS-ⅢA 型(含直流稳压电源)1 台;

（2）示波器 4318 型 1 台;

（3）函数发生器 EE1641B 型 1 台;

（4）数字万用表 1 只;

（5）DAC0832、ADC0809、μA741 芯片各 1 片;

（6）1 kΩ 电阻 10 只;

（7）15 kΩ 电位器 1 只。

第三部分　课程设计

3.1（课程设计 1）　函数发生器

3.1.1　设计任务和指标

（1）用大规模集成电路 ICL8038 设计一个函数发生器，要求能够输出三角波、正弦波和方波。

（2）频率范围为 $10\sim100$ kHz。

（3）输出电压为正弦波、三角波 $U_{\mathrm{p-p}}\geqslant5$ V，方波 $U_{\mathrm{p-p}}\geqslant10$ V，并且电压连续可调，方波占空比可调。

3.1.2　设计原理

1）ICL8038 概述

ICL8038 是一种可以产生方波、三角波和正弦波的专用集成电路。当调节外部电路参数时，还可以获得占空比可调的矩形波和锯齿波，也可以组成其他电路。图 3.1.1（a）是 ICL8038 内部原理框图，3.1.1（b）是其引脚排列图。ICL8038 内部由五个部分组成：电流源电路 CS_1 和 CS_2、电压比较电路 A_1、A_2、缓冲电路、触发电路和波形变换电路。

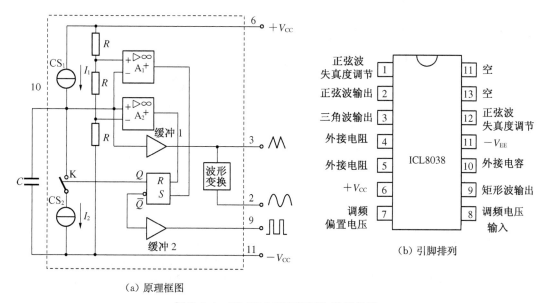

（a）原理框图　　　　　　　（b）引脚排列

图 3.1.1　ICL8038 原理框图和引脚排列

在图 3.1.1（a）中，A_1、A_2 的门限电压分别为 $2(V_{\mathrm{CC}}+V_{\mathrm{EE}})/3$ 和 $(V_{\mathrm{CC}}+V_{\mathrm{EE}})/3$，电流源

CS_1 和 CS_2 的大小可通过外接电阻调节,且 I_2 必须大于 I_1。当触发器的 Q 端输出为低电平时,控制开关 K 使电流源 CS_2 断开。而电流源 CS_1 以电流 I_1 向外接电容 C 充电,使电容两端电压 u_C 随时间线性上升,当 u_C 上升到 $u_C = 2(V_{CC} + V_{EE})/3$ 时,比较器 A_1 输出发生跳变,使触发器输出 Q 端由低电平变为高电平,控制开关 K 使电流源 CS_2 接通。由于 $I_2 > I_1$,因此电容 C 放电,u_C 随时间线性下降。当 u_C 下降到 $u_C = (V_{CC} + V_{EE})/3$ 时,比较器 A_2 输出发生跳变,使触发器输出端 Q 又由高电平变为低电平,K 再次断开,I_1 再次向 C 充电,u_C 又随时间线性上升。如此周而复始,产生振荡。若 $I_2 = 2I_1$,u_C 上升时间与下降时间相等,就产生三角波输出到引脚 3。而触发器输出的方波,经缓冲器输出到引脚 9。三角波经正弦波变换器变成正弦波后由引脚 2 输出。当 $I_1 \neq 2I_2$ 时,u_C 的上升时间与下降时间不相等,输出三种波形均不对称,三角波变成锯齿波,方波变成矩形波(占空比不为 50%),正弦波将严重失真。因此,实际上 ICL8038 能输出方波、三角波、正弦波、矩形波和锯齿波等 5 种不同的波形。

ICL8038 的输出频率是引脚 8 上电压的函数,所以它是一个压控振荡器,引脚 8 为调频电压输入端。调频电压是指引脚 6 与引脚 8 之间的电压,其值不超过 $(V_{CC} + V_{EE})/3$。引脚 7 输出调频偏置电压,它与引脚 6 之间的电压为 $(V_{CC} + V_{EE})/5$,它可作为引脚 8 的输入电压。

2)由 ICL8038 组成的函数发生器

图 3.1.2 所示是由 ICL8038 组成的函数发生器,可以输出方波、三角波和正弦波,输出频率的大小与 R_A、R_B 和 C 有关,调节电位器 R_{P1} 可以调节 V_{CC} 和引脚 8 之间的电压,使输出信号的频率变化。R_A 决定电容 C 的充电速度,R_B 决定电容 C 的放电速度,R_A、R_B 的值可以在 $1\,k\Omega \sim 1\,M\Omega$ 之间选取。

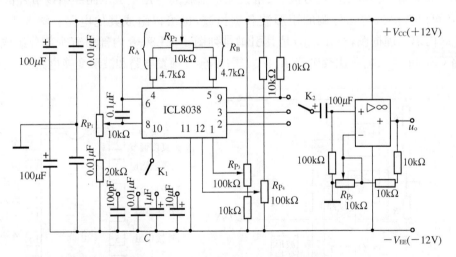

图 3.1.2　由 ICL8038 组成的函数发生器

调节电位器 R_{P2} 可以改变输出方波的占空比,调节电位器 R_{P3} 和 R_{P4} 可以减小输出正弦波的失真度,通过反复调节,其失真度可以减小到 0.5% 左右。

输出波形通过开关 K_2 来选择,为了使函数发生器实现低阻抗输出,在输出端接一集成运算放大器,调节电位器 R_{P5} 可以改变运算放大器的放大倍数,使输出信号的幅度达到设计所需的要求。

ICL8038 的方波输出端为集电极开路形式,因此一般需要在引脚 9 与 V_{CC} 之间接一个 $10\,k\Omega$ 左右的外接负载电阻。

另外需要注意的是,ICL8038 既可以接 $10\sim30$ V 范围的单电源,也可以接 $\pm5\sim\pm15$ V 范围的双电源。接单电源时,输出三角波和正弦波的平均值正好是电源电压的一半,输出矩形波的高电平为电源电压,低电平为地。接电压对称的双电源时,所有输出波形都是平均值为 0。

3.1.3 调试要点

(1) 电路采用 ±12 V 双电源供电。

(2) 用示波器观察输出的矩形波、三角波和正弦波,如果波形不理想,可以调节相应的电位器。

(3) 将开关 K_1 拨到 $0.01\ \mu F$,观察矩形波输出,并调节电位器 R_{P2},测量出矩形波占空比的变化范围,最后使矩形波占空比达到 50%。

(4) 保持矩形波的占空比为 50% 不变,用示波器观察正弦波的输出波形,反复调节电位器 R_{P3} 和 R_{P4},使正弦波不产生明显的失真。

(5) 改变外接电容 C 的值,观察输出波形的变化。

(6) 调节电位器 R_{P5},记录输出矩形波、三角波和正弦波的幅度变化范围。

(7) 调节电位器 R_{P1},观察输出波形频率的变化情况,并随之记录引脚 8 的电压。

(8) 在有失真度测试仪的情况下,测量输出正弦波的失真度(一般要求小于 3%)。

3.1.4 设计要求

(1) 分析说明电路工作原理,决定各元件的参数,画出总体电路图。

(2) 列出元件清单。

(3) 调试所安装的函数发生器,使输出波形的形状、幅度和频率达到设计要求。

(4) 写出实验报告,包括设计与调试的全过程,附上有关资料和图纸,并对实验中出现的问题进行讨论,写出实验的心得体会。

3.2(课程设计 2) 直流稳压电源

3.2.1 设计任务和指标

(1) U_O 为 $+5\sim+12$ V 连续可调,输出电流 $I_{Omax}=1$ A;

(2) 稳压系数 $S_U\leqslant3\times10^{-3}$;

(3) 输出电阻 $R_O\leqslant0.1\ \Omega$;

(4) 纹波电压 $U_{Orm}\leqslant5$ mV。

3.2.2 设计原理

1) 组成框图

直流稳压电源一般由电源变压器 T、整流滤波电路及稳压电路所组成,基本组成框图如图 3.2.1 所示。

图 3.2.1 直流稳压电源的基本组成框图

2) 各部分的作用

(1) 电源变压器

将电网 220 V 的交流电压变换成整流滤波电路所需要的交流电压 u_2。变压器副边与原边的功率比为:

$$\frac{P_2}{P_1} = \eta$$

式中:η 为变压器的效率。

(2) 整流滤波电路

整流电路是将交流电压 u_2 变换成脉动的直流电压,再经过滤波电路滤除纹波,输出直流电压 U_1。

常用的整流滤波电路有全波整流滤波、桥式整流滤波、倍压整流滤波,其电路如图 3.2.2 所示。

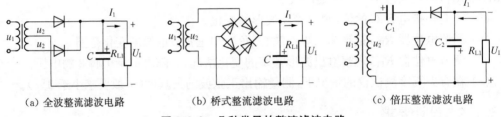

(a) 全波整流滤波电路　　　　(b) 桥式整流滤波电路　　　　(c) 倍压整流滤波电路

图 3.2.2　几种常见的整流滤波电路

在稳压电源中一般用 4 个二极管组成桥式整流电路,采用电容滤波器。此时,U_1 与交流电压 u_2 的有效值 U_2 的关系为:

$$U_1 = (1.1 \sim 1.2)U_2$$

在整流电路中,每只二极管所承受的最大反向电压为:

$$U_{RM} = \sqrt{2}U_2$$

流过每只二极管的平均电流为:

$$I_D = \frac{0.45U_2}{R_{L1}}$$

式中:R_{L1} 为整流滤波电路的负载电阻,它为电容 C 提供放电通路,放电时间常数 RC 应满足:

$$R_{L1}C > \frac{(3 \sim 5)T}{2}$$

式中:$T(= 20 \text{ ms})$ 为 50 Hz 交流电压的周期。

(3) 稳压电路

当交流电网波动或负载变化时,稳压电路保证输出直流电压稳定。简单的稳压电路可以采用稳压管来实现,稳压性能要求比较高的情况下,可以采用串联反馈式稳压电路。由于分立元件组成的串联反馈式稳压电路复杂,现在一般由集成稳压电路所取代,集成稳压电路与分立元件组成的稳压电路相比,具有外接电路简单、使用方便、体积小、工作可靠等优点。常用的集成稳压器有固定式和可调式三端稳压器,它们都属电压串联反馈型。

① 三端固定集成稳压器

三端固定集成稳压器包含 78××和 79××两大系列。78××系列是三端固定正电压输出稳压器,79××系列是三端固定负电压输出稳压器。它们的最大特点是稳压性能良好,外围元件简单,安装调试方便,价格低廉,现已成为集成稳压器的主流产品。78××系列和79××系列其型号后面的××代表输出电压值,有 5 V、6 V、9 V、12 V、15 V、18 V、24 V等。其额定电流以 78 或 79 后面的字母区分,其中 L 为 0.1 A,M 为 0.5 A,无字母为1.5 A。它们的引脚排列如图 3.2.3 所示:

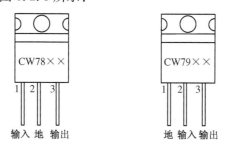

图 3.2.3　三端固定输出集成稳压器管脚排列

② 可调式三端集成稳压器

可调式三端集成稳压器是指输出电压可以连续调节的稳压器,包括输出正电压的CW317(LM317)系列三端稳压器、输出负电压的CW337(LM337)系列三端稳压器。在可调式三端集成稳压器中,稳压器的3个端是指输入端、输出端和调整端。稳压器输出电压的可调范围为$U_O=1.2\sim37$ V,最大输出电流有 3 种:0.1 A、0.5 A 和 1.5 A,分别标有 L、M和不标字母。输入电压与输出电压差的允许范围为:$U_I-U_O=3\sim40$ V。

三端可调式集成稳压器的引脚如图 3.2.4 所示。

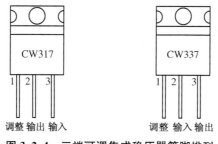

图 3.2.4　三端可调集成稳压器管脚排列

3.2.3　设计方法

设计要求为稳压电源输出电压在5~12 V之间连续可调,最大输出电流为1.0 A。

1) 选集成稳压器

选可调式三端稳压器 CW317(LM317),其特性参数为:输出电压在 1.2~37 V 之间可调,最大输出电流 1.5 A,均满足性能指标要求。

可调式三端稳压器,其典型电路如图 3.2.5所示:

其中电阻 R_1 与电位器 R_P 组成输出电压调节电路,输出电压 U_O 为:

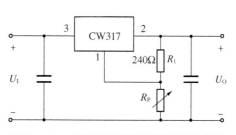

图 3.2.5　可调式三端稳压器的典型应用

$$U_O = 1.25 \times \left(1 + \frac{R_P}{R_1}\right)$$

式中：R_1 一般取值为 $120 \sim 240\ \Omega$，现选择 R_1 为 $240\ \Omega$。再根据 U_O 最大为 $12\ V$，由上式可计算出 R_P 为 $2.06\ k\Omega$，取 R_P 为 $4.7\ k\Omega$ 的精密线绕可调电位器。

　　2）选电源变压器

通常根据变压器的副边输出电压 U_2、电流 I_2 和原边功率 P_1 来选择电源变压器。

　　（1）确定稳压电路的最低输入直流电压 U_{Imin}

$$U_{Imin} \approx \frac{U_{Omax} + (U_I - U_O)_{min}}{0.9}$$

式中：$(U_I - U_O)_{min}$ 为稳压器的最小输入、输出电压差，而 CW317 的允许输入、输出电压差为 $3 \sim 40\ V$，现取为 $3\ V$；系数 0.9 是考虑电网电压可能波动 $\pm 10\%$。

代入数据，计算得：

$$U_{Imin} \approx \frac{12 + 3}{0.9} = 16.7\ V$$

可取 $U_{Imin} = 17\ V$。

　　（2）确定电源变压器副边电压、电流及原边功率

$$U_2 \geqslant \frac{U_{Imin}}{1.1} = \frac{17}{1.1} = 15.5\ V$$

可取 $U_2 = 16\ V$。

$$I_2 > I_{Omax} = 1\ A$$

可取 $I_2 = 1.1\ A$。

变压器副边功率 $P_2 \geqslant U_2 I_2 = 17.6\ W$，考虑变压器的效率 $\eta = 0.7$，则原边功率 $P_1 \geqslant 25\ W$。为留有余地，可以选择副边电压为 $16\ V$、输出电流为 $1.1\ A$、功率为 $30\ W$ 的变压器。

　　3）选择整流二极管及滤波电容

　　（1）整流二极管的选择

流经二极管的平均电流为：

$$I_D = \frac{1}{2} I_{Omax} = \frac{1}{2 \times 1} = 0.5\ A$$

二极管承受的最大反向电压：

$$U_{RM} = \sqrt{2} U_2 = \sqrt{2} \times 16 = 22.6\ V$$

因此，整流二极管可选 1N4001，其最大整流电流为 $1\ A$，最大反向电压为 $50\ V$。

　　（2）滤波电容的选择

在桥式整流滤波电容中，

$$R_{L1} C > \frac{(3 \sim 5) T}{2}$$

因此：

$$C > \frac{(3 \sim 5) T}{2 R_{L1}}$$

即

$$C > \frac{(3 \sim 5) T I_{Imax}}{2 U_{Imin}} = \frac{(3 \sim 5) 20 \times 10^{-3} \times 1.1}{2 \times 17} = 1\,941 \sim 3\,235\ \mu F$$

式中：$I_{1max} = I_2 = 1.1 \text{ A}$。

因此，取两只 2 200 μF/25 V 的电容并联做滤波电容。

4）估算稳压器功耗

当输入交流电压增加 10% 时，稳压器输入直流电压最大，即

$$U_{1max} = 1.1 \times 1.1 \times 16 = 19.36 \text{ V}$$

所以稳压器承受的最大压差为：$19.6 - 5 \approx 15 \text{ V}$。

最大功耗为：

$$P = U_{1max} \, I_{1max} = 15 \times 1.1 = 16.5 \text{ W}$$

因此，应选用散热功率 $\geqslant 16.5 \text{ W}$ 的散热器。

5）确定电路形式

根据上述确定的参数，可确定组成稳压电源的电路如图 3.2.6 所示。

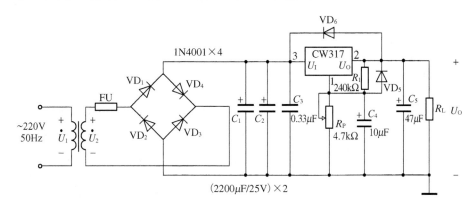

图 3.2.6　稳压电源组成电路

6）确定其他电路元件参数

在 CW317 输入端与地之间接有一只 0.33 μF 的电容 C_3，目的是抑制高频干扰。

接在调整端和地之间的电容 C_4，可用来旁路 R_P 两端的纹波电压，当 C_4 为 10 μF 时，纹波抑制比可提高 20 dB。另一方面，接入 C_4，此时一旦输入端或输出端发生短路，C_4 中储存的电荷会通过稳压器内部的调整管和基准放大管而损坏稳压器。为了防止 C_4 的放电电流通过稳压器，在 R_1 两端并接二极管 VD_5。在正常工作时，VD_5 处于截止状态。

CW317 集成稳压器在没有容性负载的情况下可稳定工作，但输出端有 500～1 000 pF 的容性负载时，会产生自激振荡。为了抑制自激，在输出端并一只 47 μF 的电容 C_5，C_5 还可改善电源的瞬态响应，以及进一步减小输出电压中的纹波电压。

接上电容 C_5 后，集成稳压器的输入端一旦短路，C_5 将对稳压器的输出端放电，其放电电流可能会损坏稳压器。故在稳压器的输入端与输出端之间，接一只保护二极管 VD_6。在正常工作时，VD_6 处于截止状态。

3.2.4　安装和调试要点

1）安装注意事项

首先应在变压器的副边接入熔断器 FU，以防稳压电源输出端短路损坏变压器或其他器件，其额定电流要略大于 I_{Omax}，$I_{Omax} = 1 \text{ A}$，选 FU 为 2 A 熔断器。集成稳压器 CW317 要

加适当大小的散热片。

先安装集成稳压电路,再安装整流滤波电路,最后安装变压器。安装一级测试一级。稳压电路主要测试集成稳压器是否正常工作。输入端加直流电压时,调节 R_P,输出电压 U_O 随之变化,说明稳压电路正常工作。整流滤波电路主要检查整流二极管是否接反,安装前用万用表测量其正、反向电阻。

安装后接入电源变压器,整流滤波输出电压 U_I 应为正,否则会损坏稳压器。断开交流电源,将整流滤波电路与稳压电路相连接,再接通电源,输出电压 U_O 为规定值,说明各级电路均正常工作,可以进行各项性能指标的测试。

2) 技术指标测试

对图 3.2.6 所示稳压电路技术指标进行测试,测试电路如图 3.2.7 所示。

直流稳压电源的输入端接自耦变压器,输出端接滑线变阻器作为负载电阻。

(1) 测量输出电压可调范围

调自耦变压器,使稳压电源输入电压为 220 V,输出负载开路,调节 R_P,用万用表测量并记录输出电压 U_O 的变化范围。

图 3.2.7　稳压电路技术指标的测试电路

(2) 测量稳压系数 S_U

直流稳压电源输入交流电压 220 V,调节 R_P 和滑线变阻器,使稳压电源输出电压 U_O = 12 V,输出电流 I_O = 1 A。再调节自耦变压器,使稳压电源输入交流电压分别为 242 V 和 198 V(即模拟电网电压变化 ±10%),分别测出相应的 U_O 和 U_I(CW317 输入端电压)。

计算出稳压系数:

$$S_U = \frac{\Delta U_O / U_O}{\Delta U_I / U_I}$$

(3) 测量输出电阻 R_o

直流稳压电源输入交流电压为 220 V,调节 R_P 和滑线电阻使稳压电源输出电压 U_O = 12 V,输出电流 I_O = 1 A,再断开负载电阻,即 I_O = 0,重新测量输出电压 U_O。

计算出输出电阻:

$$R_o = \frac{\Delta U_O}{\Delta I_O}$$

(4) 测量纹波电压 U_{or}

在稳压电源输入交流电压为 220 V,输出电压 U_O = 12 V,输出电流 I_O = 1 A 情况下,用示波器(应采用交流耦合方式)观察,测量输出纹波电压的幅值 U_{orm}。

3.2.5　设计要求

(1) 根据设计任务确定总体方案,画出设计框图。

(2) 根据设计框图进行单元电路的设计,画出单元电路图,分析说明电路工作原理,并且决定各元件的参数。

(3) 画出总体电路图。

(4) 列出元器件清单。

（5）安装调试电路，整理记录实验结果。

（6）写出实验报告，包括设计与调试的全过程，附上有关资料和图纸，并对实验中出现的问题进行讨论，写出实验的心得体会。

3.3（课程设计 3）　数字逻辑信号测试器

3.3.1　设计任务和指标

设计一个能测试高电平、低电平的数字逻辑信号测试器，具体指标如下：

（1）基本功能：能测试高电平、低电平。

（2）测量范围：低电平<0.8 V，高电平>3.5 V。

（3）当被测电平为高电平时，用 1 kHz 的音响来表示，当被测电平为低电平时，用 800 Hz 的音响来表示，当被测信号在高电平和低电平（0.8～3.5 V）之间则不发出声响。

（4）工作电源为 5 V，输入电阻大于 20 kΩ。

3.3.2　工作原理

在数字电路中有高电平和低电平的概念，在数字电路中信号与传统的模拟电路有很大的区别。在检修数字电路时，要对信号进行检测，判断是高电平还是低电平，以方便后续的维修。当然可以用万用表和示波器，但是只是简单的判断，要用到这些电子设备，有点"大材小用"的感觉，并且很麻烦，因为很不方便，一边要看设备的屏幕，另外还要注意设备的工作状况。因此，有必要制作一个简单的电子装置用来方便判断数字电路的信号输出状况。

图 3.3.1 为数字逻辑信号测试器的原理框图。该电路由输入电路、逻辑状态识别电路、音响信号产生电路和音响驱动电路组成。

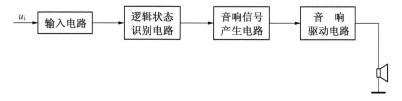

图 3.3.1　逻辑信号测试器的原理框图

1）输入及逻辑信号识别电路

图 3.3.2 所示为输入及逻辑信号识别电路，u_i 是输入的被测逻辑电平信号，输入电路由电阻 R_1 和 R_2 组成，作用是保证输入端悬空时，u_i 既不是高电平，也不是低电平。逻辑状态识别电路是由 A_1 和 A_2 组成的双限比较器，A_1 的反相输入端为高电平阈值电位参考端，其电压 U_H（3.5 V）由 R_3 和 R_4 分压后得到。同理，A_2 同相端为低电平阈值电位参考端，其电压 U_L（0.8 V）由 R_5 和 R_6 分压后得到。

当比较器的同相输入端电压高于反相输入端电压时，比较器输出高电平（5 V），反之，则输出低电平。A_1 和 A_2 的输入、输出状态关系如表 3.3.1 所示。

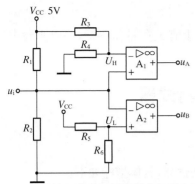

表 3.3.1　逻辑状态识别电路功能表

输　入	输　出	
	u_A	u_B
$u_i < U_L < U_H$	低	高
$U_L < u_i < U_H$	低	低
$u_i > U_H > U_L$	高	低

图 3.3.2　输入电路和逻辑状态识别电路

2）音响信号产生电路

图 3.3.3 所示为音响信号产生电路原理图,该电路主要由 2 个比较器 A_3 和 A_4 组成。根据对逻辑状态识别电路输出状态的研究,分三种情况介绍本电路的工作原理。

（1）$u_A = u_B = 0\,V$（均为低电平）时

稳态时,电容 C_1 两端电压为 0,并且此时 u_A 和 u_B 两个输入端都是低电平,二极管 VD_1 和 VD_2 截止,电容 C_1 没有充电回路,而 A_3 的同相输入端为基准电压 3.5 V,使得 A_3 的同相端电位高于反相端电位,u_o 输出为高电平。u_o 通过电阻 R_9 按指数规律向电容 C_2 充电,充电达到稳态时电容 C_2 的电压为高电平,此时 A_4 的同相端电位（5 V）高于反相端电位

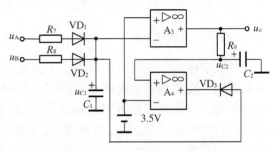

图 3.3.3　音响信号产生电路

（3.5 V),A_4 输出为高电平,VD_3 截止,电路的输出状态不受影响,u_o 一直保持高电平。

（2）$u_A = 5\,V$、$u_B = 0\,V$ 时

二极管 VD_1 导通,u_A 通过电阻 R_7 向 C_1 充电,u_{C1} 按指数规律上升,由于 A_3 同相端电压为 3.5 V, 所以, 在 u_{C1} 没有达到 3.5 V 之前,u_o 保持高电平。在 u_{C1} 上升到 3.5 V 之后,A_3 的反相端电压高于同相端电压,u_o 由 5 V 变为 0 V,使得 C_2 通过电阻 R_9 和 A_3 的输出放电,u_{C2} 由 5 V 按指数规律下降,当 u_{C2} 下降到小于 3.5 V 时,A_4 的输出电压变为 0,VD_3 导通,C_1 通过 VD_3 和 A_4 的输出放电。由于 A_4 的输出电阻很小,所以 u_{C1} 迅速下降到 0 左右,此时 A_3 反相端电压小于同相端电压,A_3 的输出电压 u_o 又变为 5 V,C_1 再一次充电,周而复始,就在 A_3 输出端 u_o 形成矩形脉冲信号。u_{C1}、u_{C2} 和 u_o 的波形如图 3.3.4 所示。

（3）$u_A = 0\,V$、$u_B = 5\,V$ 时

此时电路的工作过程与 $u_A = 5\,V$、$u_B = 0\,V$ 时相同,唯一的区别在于 VD_2 导通时,u_B 通过 R_8 向 C_1 充电,所以 C_1 的充电时间常数改变了,使得 u_o 的周期会

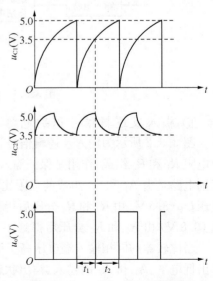

图 3.3.4　u_{C1}、u_{C2} 和 u_o 的波形

发生相应的变化。

3）音响驱动电路

音响驱动电路如图 3.3.5 所示，$R_{10}=5$ kΩ，$R_{11}=10$ kΩ。由于音响负载工作电压比较低且功率小，所以对驱动三极管的耐压等条件要求不高，选 9012 作为驱动管，就可以完全满足本电路的要求。

4）整机参考电路

将各单元电路连接起来就可以构成数字逻辑信号测试器的整机电路。

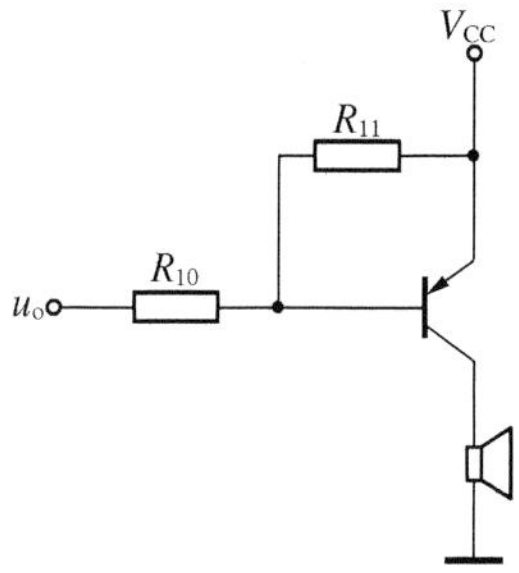

图 3.3.5 音响驱动电路

3.3.3 单元电路参数计算

1）输入电路和逻辑状态识别电路

根据技术指标的要求，输入电阻大于 20 kΩ，并且当输入 u_i 悬空时，既不是高电平，也不是低电平，所以选取 u_i 为 2 V（一般在 U_H 和 U_L 中间位置选取），所以：

$$u_i = \frac{R_2}{R_1 + R_2} V_{CC}$$

$$R_i = \frac{R_1 R_2}{R_1 + R_2} \geqslant 20 \text{ kΩ}$$

可以求出：$R_1=50$ kΩ，$R_2=33.3$ kΩ。选取标称值：$R_1=51$ kΩ，$R_2=33$ kΩ。

R_3 和 R_4 作用是给 A_1 的反相输入端提供一个 3.5 V 的阈值电压 U_H，由分压公式可以得到：

$$U_H = \frac{R_4}{R_3 + R_4} V_{CC} = 3.5 \text{ V}$$

在选取 R_3 和 R_4 时 要注意取值过大容易引入干扰，取值过小则会增大功耗。工程上一般选取几十～几百千欧的电阻。

因此，根据分压关系，选取标称值 $R_3=30$ kΩ，$R_4=68$ kΩ。

R_5 和 R_6 作用是给 A_2 的同相输入端提供一个 0.8 V 的阈值电压 U_L，同样，由分压公式可以得到：

$$U_L = \frac{R_6}{R_5 + R_6} V_{CC} = 0.8 \text{ V}$$

因此，根据分压关系，选取标称值 $R_5=68$ kΩ，$R_6=13$ kΩ。

2）音响信号产生电路

根据一阶电路响应的特点可以知道，在 t_1 期间电容 C_1 充电，电容两端的电压为 $u_{C1}(t) = 5(1-e^{-\frac{t}{\tau_1}})$，在 t_2 期间电容 C_2 放电的表达式为：

$$u_{C2}(t) = 5e^{-\frac{t}{\tau_2}}$$

u_O 的周期为：

$$T = t_1 + t_2$$

式中：$t_1 = -\tau_1 \ln 0.3 \approx 1.2\tau_1$；$t_2 = -\tau_2 \ln 0.7 \approx 0.36\tau_2$。

选取 $\tau_2 = R_9 C_2 = 0.5$ ms，则当 $C_2 = 0.01$ μF 时，$R_9 = 50$ kΩ。

选取 $C_1 = 0.1$ μF，由于技术指标要求，被测信号为高电平时，音响频率为 1 kHz，即 $T=$

$t_1 + t_2 = 1.2\tau_1 + 0.36\tau_2 = 1/f = 1$ ms,代入 $\tau_2 = 0.5$ ms,求得 $\tau_1 = R_7 C_1 \approx 0.68$ ms。

因此，

$$R_7 = \frac{\tau_1}{C_1} = \frac{0.68 \times 10^{-3}}{0.1 \times 10^{-6}} = 6.8 \text{ k}\Omega$$

被测信号为低电平时，音响频率为 800 Hz，即

$$T = t_1 + t_2 = 1.2\tau_1 + 0.36\tau_2 = \frac{1}{f} = 1.25 \text{ ms}$$

同理，可以求得 $R_8 = 8.9$ kΩ，取标称电阻 $R_8 = 9.1$ kΩ。

3.3.4　调试要点

（1）输入电路及逻辑状态识别电路中，u_i 输入不同的电压，测量 U_H、U_L 及输出 u_A、u_B 电压的值，判定该电路能否实现有效的逻辑状态识别，即应满足表 3.3.1 中的功能。

（2）音响信号产生电路可在其输入端 u_A、u_B 提供高、低电平，用示波器观察 u_{C1}、u_{C2} 及输出 u_o 的波形。当 u_A、u_B 均为低电平时，应观察到 u_{C1}、u_{C2} 及 u_o 均为直流电压波形；当 u_A、u_B 分别送入高、低电平时，可观察到 u_{C1}、u_{C2} 为充放电曲线，u_o 输出为方波脉冲，波形如图 3.3.4 所示，但当 u_A 为高电平、u_B 为低电平与 u_A 为低电平、u_B 为高电平时，所测得的 u_o 波形周期应不同。

（3）音响驱动电路可在输入端直接接入由函数发生器提供的方波脉冲，在可调频率 500～1 000 Hz 范围内聆听扬声器发声情况，判定扬声器在不同频率方波输入时的不同发声状况。

3.3.5　设计要求

（1）根据设计任务确定总体方案，画出设计框图。

（2）根据设计框图进行单元电路的设计，画出单元电路图，分析说明电路工作原理，并且决定各元件的参数。

（3）画出总体电路图。

（4）列出元器件清单。

（5）安装调试电路，整理记录实验结果。

（6）写出实验报告，包括设计与调试的全过程，附上有关资料和图纸，并对实验中出现的问题进行讨论，写出实验的心得体会。

3.4（课程设计 4）　集成电路高保真扩音机

3.4.1　设计任务和指标

设计并制作一个能将来自话筒和线路的输入信号加以放大的扩音机。

已知来自话筒（低阻 20 Ω）的电压为 5 mV，线路输入电压为 100 mV，要求扩音机的技术指标为：

额定输出功率 $P_{om} \geqslant 1$ W（非线性失真 $\gamma < 3\%$）；

负载电阻 $R_L = 8$ Ω；

整机频率响应 $f_L = 40$ Hz；$f_H = 10$ kHz；

音调控制,低音 100 Hz±12 dB,高音 10 kHz±12 dB;

输入电阻 $R_i \gg 20\ \Omega$。

3.4.2　设计原理和参考电路

扩音机原理框图如图 3.4.1 所示。

图 3.4.1　扩音机原理框图

来自话筒的信号较小,先经话筒放大器放大,然后与来自线路输入的信号(如来自 CD、VCD、DVD)混合放大,混合后的信号经音调控制器,再送至功率放大器放大后推动扬声器。

1) 话筒放大器

话筒是一个声电转换装置,输出的电压信号很小,如动圈式话筒的输出电压只有几毫伏,话筒放大器的作用就是将微弱的电压信号加以线性放大。话筒按输出阻抗的大小分为低阻型和高阻型。低阻型一般阻抗在几十到几百欧,高阻型一般阻抗在几千到几十千欧。话筒放大器的输入阻抗应与话筒的输出阻抗相匹配,其输入阻抗应远大于话筒的输出阻抗。

话筒放大器可以用分立元件组成,也可由集成运算放大器构成,由于采用集成运算放大器的电路简单,设计方便,现常被采用。话筒放大器的参考电路如图 3.4.2 所示,可采用同相输入比例放大器或反相输入比例放大器。

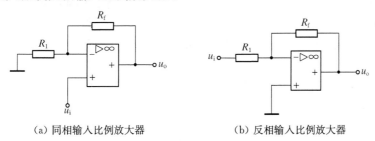

(a) 同相输入比例放大器　　　　　(b) 反相输入比例放大器

图 3.4.2　话筒放大器

同相输入比例放大器的电压放大倍数为:

$$A_u = \frac{u_o}{u_i} = 1 + \frac{R_f}{R_1}$$

反相输入比例放大器的电压放大倍数为:

$$A_u = \frac{u_o}{u_i} = -\frac{R_f}{R_1}$$

2) 混合放大器

混合放大器的作用是将话筒放大器放大后的信号与线路输入信号混合且加以放大,它可采用反相输入加法器,如图3.4.3 所示。

该电路的输出电压为:

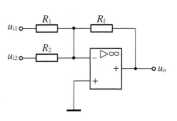

图 3.4.3　混合放大器

$$u_o = -\frac{R_f}{R_1}u_{i1} - \frac{R_f}{R_2}u_{i2}$$

3）音调控制放大器

音调控制放大器的作用是对放大器的高频或低频的增益进行提升或衰减,而中频的增益保持不变,以改变音频信号中高低成分的比例,满足听者的不同爱好。

音调控制放大器的幅频特性如图 3.4.4 所示。图中:$f_0 = 1\,\text{kHz}$,为中音频率;要求中频增益 $A_{u0} = 0\,\text{dB}$;f_{L1} 为低音频转折频率,一般为几十赫;$f_{L2} = 10f_{L1}$,为中低频转折频率;f_{H1} 是中高频转折频率;$f_{H2} = 10f_{H1}$ 为高音频转折频率,一般为几十千赫。在低频、高频段,幅频特性曲线按 $\pm 20\,\text{dB}/$ 十倍频(即 $\pm 6\,\text{dB}$ 倍频) 变化。

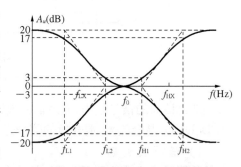

图 3.4.4　音调控制放大器的幅频特性

实际上,在设计要求中,通常给出 f_{LX} 和 f_{HX} 的值及相应的提升／衰减量 X,而 f_{L1}、f_{L2}、f_{H1}、f_{H2} 的数值可由下面各式求出:

$$f_{L2} = f_{LX} \times 2^{X/6}$$

$$f_{L1} = \frac{f_{L2}}{10}$$

$$f_{H1} = \frac{f_{HX}}{2^{X/6}}$$

$$f_{H2} = 10f_{H1}$$

音调控制电路可采用专用集成电路,如五段音调控制器 LA3600,也可采用集成运放组成的电路。

由集成运放构成的反馈式音调控制电路如图 3.4.5 所示,该电路是一个电压并联负反馈电路,由高通和低通滤波器组成。

图中,R_{P1} 用做低音控制,R_{P1} 活动头移至左端为低音提升,移至右端为低音衰减;R_{P2} 用做高音控制,R_{P2} 活动头移至左端为高音提升,移至右端为高音衰减。

由于 $C_1 = C_2 \gg C_3$,在中低频区,C_3 的容抗足够大,C_3 可视为开路,在中高频区,C_1、C_2 的容抗足够小,C_1、C_2 可视为短路。当 $R_1 = R_2$ 时,中频增益为 1。

音调控制电路幅频特性具体分析如下。

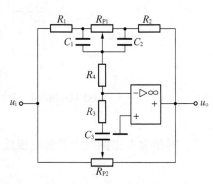

图 3.4.5　音调控制电路

（1）低频特性

低频段,C_3 可视为开路。

① 低音提升情况

对应于 R_{P1} 活动头移至左端,等效电路如图 3.4.6(a)所示。电路的增益为:

$$\dot{A}_u = \frac{\dot{U}_o}{\dot{U}_i} = -\frac{R_{P1} + R_2}{R_1} \cdot \frac{1 + \text{j}(f/f_{L2})}{1 + \text{j}(f/f_{L1})}$$

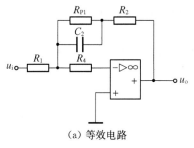
（a）等效电路

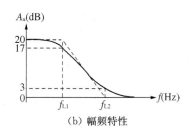
（b）幅频特性

图 3.4.6　低音提升情况

式中：$f_{L1} = \dfrac{1}{2\pi R_{P1} C_2}$，$f_{L2} = \dfrac{1}{2\pi (R_{P1} // R_2) C_2}$。

当 $R_{P1} = 9R_1 = 9R_2$，则有 $f_{L2} = 10 f_{L1}$。

低音提升幅频特性如图 3.4.6(b)所示。

② 低音衰减情况

对应于 R_{P1} 活动头移至右端，等效电路如图 3.4.7(a)所示。

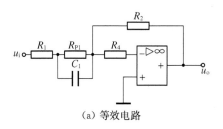
（a）等效电路

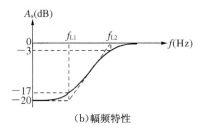
（b）幅频特性

图 3.4.7　低音衰减情况

电路的增益为：

$$\dot{A}_u = \frac{\dot{U}_o}{\dot{U}_i} = -\frac{R_2}{R_{P1} + R_1} \frac{1 + j(f/f_{L1})}{1 + j(f/f_{L2})}$$

式中：$f_{L1} = \dfrac{1}{2\pi R_{P1} C_1}$，$f_{L2} = \dfrac{1}{2\pi (R_1 // R_{P1}) C_1}$。

低音衰减幅频特性如图 3.4.7(b)所示。

（2）高频特性

高频段 C_1、C_2 可视为短路，等效电路如图 3.4.8(a)所示。

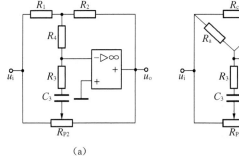
（a）

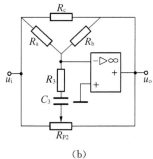
（b）

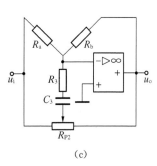
（c）

图 3.4.8　高频时等效电路

图 3.4.8(a) 中,R_1、R_2、R_4 经 Y/△ 变换,可得 R_a、R_b、R_c,如图 3.4.8(b) 所示。当 $R_1 = R_2 = R_4$,则 $R_a = R_b = R_c = 3R_1$。

由于音调控制电路的前一级输出电阻低,R_c 的反馈作用可不计,R_c 可视为开路,得到等效电路如图 3.4.8(c) 所示。

① 高音提升情况

对应于 R_{P1} 活动头移至左端,等效电路如图 3.4.9(a) 所示。

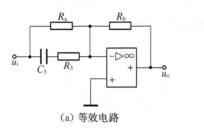 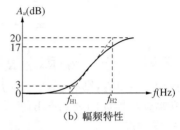

（a）等效电路　　　　　　　　（b）幅频特性

图 3.4.9　高音提升情况

电路增益为:

$$\dot{A}_u = \frac{\dot{U}_o}{\dot{U}_i} = -\frac{R_b}{R_a} \frac{1+j(f/f_{H1})}{1+j(f/f_{H2})}$$

式中:

$$f_{H1} = \frac{1}{2\pi(R_3+R_a)C_3}$$

$$f_{H2} = \frac{1}{2\pi R_3 C_3}$$

当 $R_1 = R_2 = R_4 = 3R_3$,则 $R_a = 9R_3$,$f_{H2} = 10f_{H1}$。

高音提升幅频特性如图 3.4.9(b) 所示。

② 高音衰减情况

对应于 R_{P2} 活动头移至右端,等效电路如图 3.4.10(a) 所示。

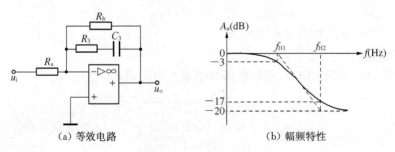

（a）等效电路　　　　　　　　　　（b）幅频特性

图 3.4.10　高音衰减情况

电路增益为:

$$\dot{A}_u = \frac{\dot{U}_o}{\dot{U}_i} = -\frac{R_b}{R_a} \frac{1+j(f/f_{H2})}{1+j(f/f_{H1})}$$

式中:

$$f_{H1} = \frac{1}{2\pi(R_3 + R_b)C_3}$$

$$f_{H2} = \frac{1}{2\pi R_3 C_3}$$

高音衰减幅频特性如图 3.4.10(b)所示。

综合低音提升/衰减、高音提升/衰减幅频特性曲线,音调控制电路全频带的幅频特性曲线如图 3.4.4 所示。

4) 功率放大器

功率放大器的作用是给负载(扬声器)提供一定的输出功率,同时非线性失真要小,效率要高。功率放大器常见电路形式有 OTL 电路和 OCL 电路,由于 OCL 电路没有输出电容,实现了电路内部直到负载的全部直接耦合,因此电路性能更好。目前还经常采用 BTL(桥式推挽功率放大电路),此种电路的优点是在较低的电压下能得到较大的输出功率。功率放大器目前广泛采用集成功率放大器,因为它具有性能稳定、工作可靠及安装调试简单等优点。

LA4100~LA4102 系列集成功率放大器是一种常见的集成功率放大器,其内部电路如图 3.4.11 所示,主要参数如表 3.4.1 所示。

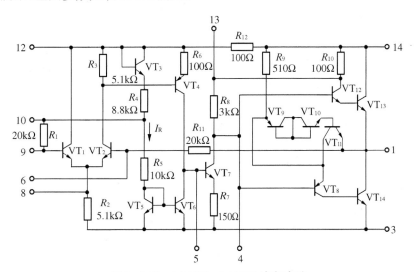

图 3.4.11　LA4100~LA4102 内部电路

表 3.4.1　LA4100~LA4102 主要参数

参数名称		参数值
	电源电压 V_{CC}(V)	6
直流参数	静态电流 I_{CQ}(mA)	15~25
	输入电阻 R_i(kΩ)	12~20
交流参数	电压增益 A_u(dB)	45
	输出功率 P_{omax}(W)	1($R_L = 8\ \Omega$)
	总谐波失真 γ(%)	1.5
	噪声 U_{NO}(mV)	3

　　该电路由输入级、中间级、输出级 3 部分组成。其中：VT_1、VT_2 为差动放大输入级；VT_4、VT_7 两级共射放大为中间级，具有较高的电压增益；VT_3、R_4、R_5 及 VT_5 组成分压网络，一方面为 VT_1 提供静态偏置电压，另一方面为 VT_5、VT_6 组成的镜像电流源提供参考电流；VT_6 作为 VT_4 的集电极有源负载电阻。VT_8、VT_{14} 复合为 PNP 管；VT_{12}、VT_{13} 复合为 NPN 管，共同构成互补对称电路为输出级；R_9、VT_9、VT_{10}、VT_{11} 为电平移动电路，为输出级三极管提供合适的静态偏置；R_{11} 接于输出端与 VT_2 管的基极之间，构成很深的直流负反馈，以稳定静态工作点，应用时通过外接隔直电容和电阻，形成深度电压串联负反馈。

　　LA4100～LA4102 集成功率放大器接成 OTL 形式的电路如图 3.4.12 所示。

　　各外接元件的作用如下：

　　R_F、C_F：与内部电阻 R_{11} 形成深度电压串联负反馈，决定整个电路的闭环电压增益为：

$$A_u = 1 + \frac{R_{11}}{R_F} \approx \frac{R_{11}}{R_F}$$

　　C_B：相位补偿，C_B 减小，频宽增宽，可消除高频自激，C_B 一般取几十到几百皮法。

　　C_C：OTL 电路的输出电容，两端的充电电压为 $V_{CC}/2$。C_C 一般取耐压大于 $V_{CC}/2$ 的几百微法的电容。

　　C_D：反馈电容，消除自激震荡，C_D 一般取几百皮法。

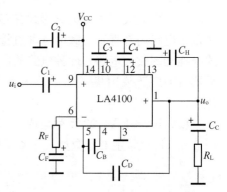

图 3.4.12　LA4100～LA4102
接成 OTL 电路

　　C_H：自举电容，使复合管 VT_{12}、VT_{13} 的导通电流不会随着输出电压的升高而减小。

　　C_3、C_4：滤除纹波，一般为几十到几百微法。

　　C_2：电源退耦滤波，可消除低频自激。

　　由 2 片 LA4100 接成的 BTL 功率放大器，如图 3.4.13 所示。输入信号 u_i 经 LA4100(1) 放大后，获得同相输出电压 u_{o1}，其电压增益 $A_{u1} \approx R_{11}/R_{F1}$(40 dB)($R_{11}$ 在 LA4100 内部)，u_{o1} 经外部电阻 R_1、R_{F2} 组成的衰减网络加到 LA4100(2) 的反相输入端，衰减量为：$R_{F2}/(R_1 + R_{F2})$(-40 dB)，这样，两个功放的输入信号大小相等、极性相同。如果使 LA4100(2) 的电压增益 $A_{u2} = (R_2 // R_{11})/R_{F2} = A_{u1}$，则两个功放的输出电压 u_{o2} 与 u_{o1} 大小相等、极性相反，因而 R_L 两端的电压 $u_L = 2u_{o1}$。该电路输出功率 $P_o = (2U_{o1})^2/R_L = 4U_{o1}^2/R_L$，可见接成 BTL 电路后，输出功率比 OTL 形式要增加 4 倍，实际上获得的输出功率约为 OTL 形式的 2～3 倍。

　　BTL 电路的优点是在较低的电源电压下能获得较大的输出功率，但需要注意的是，负载的任何一端都不能与公共地线短接，否则会烧坏功放。

　　下面再介绍另一种集成功率放大器 8FG2030(TDA2030)。8FG2030 是音质较好的一种集成功放，它的引脚较少，外部元件很少，电气性能稳定、可靠，能适应长时间连续工作，具有过载保护和热切断保护电路，若输出过载或短路均能起保护作用。8FG2030 的内部电路如图 3.4.14 所示，主要参数如表 3.4.2 所示。

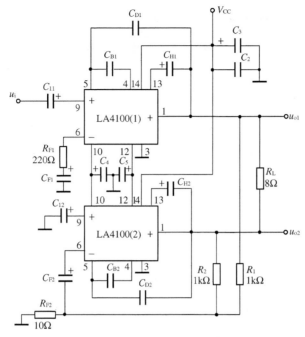

图 3.4.13　LA4100 接成 BTL 电路

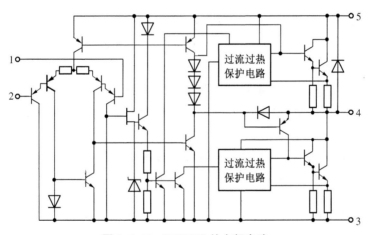

图 3.4.14　8FG2030 的内部电路

表 3.4.2　8FG2030 的主要参数

参数名称	参数值			测试条件
	最小	典型	最大	
电源电压 V_{CC}（V）	± 6		± 18	$V_{CC} = \pm 18\,V, R_L = 4\,\Omega$
静态电流 I_{CC}（mA）		40	60	
输出功率 P_0（W）	12	14		$R_L = 4\,\Omega, \gamma = 0.5\%$
	8	9		$R_L = 8\,\Omega, \gamma = 0.5\%$

（续表 3.4.2）

参数名称	参数值			测试条件
	最小	典型	最大	
输入阻抗 R_i（MΩ）	0.5	5		开环，$f = 1\,\text{kHz}$
总谐波失真 γ（%）		0.2	0.5	$P_o = 0.1 \sim 12\,\text{W}, R_L = 4\,\Omega$
频响 f_L, f_H（Hz）	10		14×10^3	$P_o = 12\,\text{W}, R_L = 4\,\Omega$
电压增益 G_v（dB）	29.5	30	30.5	$f = 1\,\text{kHz}$

3.4.3　设计举例

设计任务：设计并制作一个能将来自话筒和线路输入的信号加以放大的高保真扩音机。

已知条件：话筒（低阻 600 Ω）的输出电压为 5 mV，线路输入信号 100 mV，负载扬声器阻抗 8 Ω。

主要技术指标为：

额定输出功率 $P_{om} \geqslant 4\,\text{W}$（非线性失真 $\gamma < 3\%$）；

负载电阻 $R_L = 8\,\Omega$；

整机频率响应 $f_L = 40\,\text{Hz}$，$f_H = 10\,\text{kHz}$；

音调控制　　低音 100 Hz ± 12 dB，高音 10 kHz ± 12 dB；

输入电阻 $R_i \gg 600\,\Omega$。

本题的设计过程是，首先根据设计任务，确定整机电路的级数，再根据各级的功能及技术指标要求，分配电压增益，然后选择各级的电路形式并确定各元件的参数，通常从功率放大级开始逐级设计。

1）确定级数，分配各级电压增益，选择电路

根据设计任务要求，整机电路应由话筒放大器、混合放大级、音调控制器和功率放大器组成。

电路的输出功率 $P_o = 4\,\text{W}$；负载电阻 $R_L = 8\,\Omega$；则输出电压：

$$U_o = \sqrt{P_o R_L} = \sqrt{4 \times 8} = 5.7\,\text{V}$$

来自话筒的输入信号 $U_i = 5\,\text{mV}$；整个电路的电压增益为：

$$A_u = \frac{U_o}{U_i} = \frac{5.7 \times 10^3}{5} = 1\,130$$

实际上，总的电压增益应当有一定余量。

功率放大器的增益不宜太大，一般选为几十倍。音调控制级在 $f_0 = 1\,\text{kHz}$ 时的电压增益为 1 倍，实际上会产生衰减，故取为 0.8 倍。话筒放大级和混合放大级采用集成运算放大器，受到集成运放增益带宽积的限制，增益也不应过大。各级电压增益分配如图 3.4.15 所示。

选择整机电路如图 3.4.16 所示。

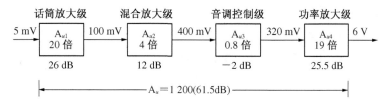

图 3.4.15　各级电压增益的分配

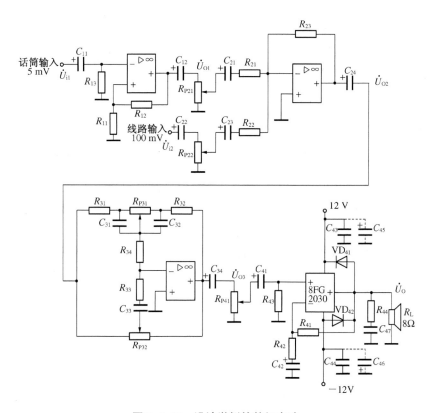

图 3.4.16　设计举例的整机电路

2）功率放大器的设计

功率放大器是采用集成功率放大器 8FG2030 构成的 OCL 电路，可根据 P_o、R_L 来确定电源电压的数值，根据 A_{u4} 来确定 R_{41}、R_{42} 数值，而其他集成功放外围电路元件的数值可查阅手册。

（1）确定电源电压

$$V_{CC} = \frac{1}{\eta} \sqrt{2P_o R_L}$$

式中：η 为电源利用系数，一般为 $0.6 \sim 0.8$，现取 $\eta = 0.7$。

因此，$V_{CC} = \sqrt{2 \times 4 \times 8}/0.7 = 11.4(V)$，取电源电压为 ± 12 V。

（2）确定 R_{41}、R_{42} 的数值

R_{41}、R_{42} 构成电压串联负反馈，功放级的增益为 $A_{u4} = (R_{41} + R_{42})/R_{42} = 19$。选择 $R_{42} =$

$1\ \mathrm{k\Omega}$，则 $R_{41} = 18\ \mathrm{k\Omega}$ 。

3）音调控制电路的设计

已知条件：$f_{\mathrm{LX}} = 100\ \mathrm{Hz}$、$f_{\mathrm{HX}} = 10\ \mathrm{kHz}$ 时 $X = 12\ \mathrm{dB}$。

（1）计算转折频率

$f_{\mathrm{L2}} = f_{\mathrm{LX}} \times 2^{12/6} = 100 \times 2^2 = 400(\mathrm{Hz})$，则 $f_{\mathrm{L1}} = f_{\mathrm{L2}}/10 = 40\ \mathrm{Hz}$。

$f_{\mathrm{H1}} = f_{\mathrm{HX}}/2^{12/6} = 10/2^2 = 2.5(\mathrm{kHz})$，则 $f_{\mathrm{H2}} = 10 f_{\mathrm{H1}} = 25\ \mathrm{kHz}$。

（2）决定电位器、电阻的数值

由前面介绍的音调控制电路工作原理，应有：$R_{31} = R_{32} = R_{34} = 3R_{33}$，$R_{\mathrm{P31}} = 9R_{31}$，它们的数值一般取几千欧到几百千欧，现取 $R_{31} = R_{32} = R_{34} = 47\ \mathrm{k\Omega}$，$R_{33} = 15\ \mathrm{k\Omega}$，$R_{\mathrm{P31}} = R_{\mathrm{P32}} = 430\ \mathrm{k\Omega}$。

（3）决定电容的数值

$$C_{31} = C_{32} = \frac{1}{2\pi f_{\mathrm{L1}} R_{\mathrm{P31}}} = \frac{1}{2\pi \times 40 \times 430 \times 10^3} = 0.009 \times 10^{-6}\ \mathrm{F} = 0.009\ \mathrm{\mu F}$$

取标称值 $C_{31} = C_{32} = 0.01\ \mathrm{\mu F}$；

$$C_{33} = \frac{1}{2\pi f_{\mathrm{H2}} R_{33}} = \frac{1}{2\pi \times 25 \times 10^3 \times 15 \times 10^3} = 434 \times 10^{-12}\ \mathrm{F} = 434\ \mathrm{pF}$$

取标称值 $C_{33} = 430\ \mathrm{pF}$。

4）话筒放大器的设计

话筒放大器为同相比例放大器，其增益为：

$$A_{u1} = 1 + \frac{R_{12}}{R_{11}} = 20$$

选取 $R_{11} = 1\ \mathrm{k\Omega}$，$R_{12} = 20\ \mathrm{k\Omega}$。

R_{13} 为集成运算放大器同相端提供静态工作电流，也决定了该级的输入阻抗，选取 $R_{13} = 10\ \mathrm{k\Omega}$。

5）混合放大器的设计

混合放大器为反相输入加法器，其输出电压为：

$$U_{o2} = -\left(\frac{R_{23}}{R_{21}} U_{o1} + \frac{R_{23}}{R_{22}} U_{i2}\right)$$

话筒放大器已将话筒输入信号放大至 $105\ \mathrm{mV}$ 左右，与路线输入信号基本上大小相当，因此选取：$R_{21} = R_{22} = 10\ \mathrm{k\Omega}$，$R_{23} = 39\ \mathrm{k\Omega}$，则混合放大级输出的话筒信号和线路信号的大小可满足要求。

以上各单元电路的设计还需通过实验调整和修改，这是由于在进行整机调试时，各级之间的相互影响，有些参数可能要进行改动，才能达到整机要求的技术指标。

3.4.4　电路的安装、调试和主要技术指标的测量

1）电路的安装与调试

安装前应先检查元器件的质量，要了解集成运放、集成功率放大器、电解电容等器件的引脚和极性。安装时要将各级进行合理布局，一般按照电路的顺序一级一级地布局。功放级应远离输入级，每一级的地线应尽量接在一起，连线应尽可能短，否则易引起自激。

电路安装好后应仔细检查正确无误，方可接通电源进行调试。

电路的调试一般是先分级调试,再级联调试,最后整机调试与测量主要技术指标。

分级调试应先进行静态调试,再进行动态调试。静态调试时,将放大器输入端对地短路,测量输出端对地直流电压。本电路中各级均采用双电源供电,输出端对地直流电压均应为 0。动态调试时,将放大器输入端加规定的信号,用示波器观测输出波形,并测量各项性能指标是否满足要求。

在调试时,发现产生自激振荡,则必须加以消除。若是高频自激振荡,在输出波形上会叠加有高频毛刺,这时要检查功放级补偿电容是否连接牢靠,并可适当调整其数值,以消除高频自激振荡。若是产生低频自激振荡,会发现输出波形上下抖动,可以通过接入 RC 去耦滤波电路加以消除。

2) 主要技术指标及其测量方法

(1) 额定功率

电路输出的失真度小于某一数值(如 3%)时的最大输出功率称为额定功率 P_o。

测量方法:在电路的输出端接额定负载电阻 8 Ω(代替扬声器),电路中音调控制电位器置于中间位置,音量控制电位器置于最大位置。在电路的输入端加正弦输入信号 u_i,频率为 $f=1$ kHz,逐步加大 U_i 的数值,用示波器观察输出电压波形,当输出电压刚好出现非线性失真时,用交流毫伏表测量出此时 U_o 的数值,即最大输出电压(有效值)。

$$P_o = \frac{U_o^2}{R_L}$$

(2) 频率响应

信号的频率降低或升高时,电路的增益下降为中频(1 kHz)时的 0.707 倍(−3 dB),对应的信号频率分别称为下限频率 f_L 和上限频率 f_H。

测量方法:维持电路的输入信号大小不变(如 5 mV),使输入频率在 20 Hz~50 kHz 内变化,测出输出电压,计算出各频率下电压增益,在对数坐标纸上绘出频率响应曲线,在曲线上求出 f_L、f_H 的数值。

应注意,测量时无需在额定输出功率下进行。音量控制电位器可调小,置于中间位置,音调控制电位器仍置中间位置。

(3) 音调控制特性

在音调控制放大器输入端加正弦交流信号 u_i,其大小维持不变(如 $U_i=100$ mV),改变信号频率,分别测试低频控制特性和高频控制特性。

测试低频控制特性时,将低音控制电位器活动头分别移置最左端和最右端,信号频率在 20 Hz~1 kHz 内变化,测出该级输出电压 U_o 的大小,计算出电压增益。测试高频控制特性时,将高音控制电位器活动头分别移置最左端和最右端,信号频率在 1 kHz~50 kHz 内变化,测出该级输出电压 U_o 的大小,计算出电压增益。最后绘制出音调控制特性曲线,并由曲线求出 f_{L1}、f_{LX}、f_{L2}、f_0、f_{H1}、f_{HX}、f_{H2} 等频率对应的电压增益。

(4) 输入阻抗

电路的输入阻抗即为第 1 级话筒放大器的输入阻抗 R_i,R_i 的测量方法与放大器的输入阻抗测量方法相同。

(5) 输入灵敏度

使电路输出额定功率时所需的输入电压的数值(有效值)称为输入灵敏度。输入灵敏度的数值在测量额定功率时可同时测出。

（6）整机效率 η

$$\eta = \frac{P_\text{o}}{P_V} \times 100\%$$

式中：P_o 为额定输出功率；P_V 为输出额定功率时电源提供的功率。

对于双电源供电电路，$P_V = 2V_\text{CC} I_V$，其中 I_V 为电源电流的平均值，可在额定输出功率时用直流电流表测出。

3.4.5　设计要求

（1）根据设计任务确定总体方案，画出设计框图。

（2）根据设计框图进行单元电路的设计，画出单元电路图，分析说明电路的工作原理，并且决定各元件参数。

（3）画出总体电路图。

（4）列出元器件清单。

（5）安装调试电路。整理记录实验结果和各主要技术指标的实验数据，并绘出各有关曲线（如频率特性曲线、音调控制曲线）。

（6）写出实验报告。包括设计与调试的全过程，并附上有关资料和图纸，对实验中出现的问题进行讨论，写出实验的心得体会。

3.5（课程设计5）　温度控制电路

3.5.1　设计任务和指标

设计任务为设计一个温度控制电路，能将温度自动控制在所设定的温度（$T \pm \Delta T$）以内。主要技术要求如下：

（1）温度设定范围 $T = 20 \sim 40\ ℃$；

（2）控温精度 $\Delta T = 1\ ℃$；

（3）控温执行装置为继电器。

3.5.2　设计原理和参考电路

根据任务要求，温度控制电路的原理框图如图 3.5.1 所示。电路由温度传感器、K－℃变换器（兼放大）、电压比较器、温度设定及执行机构组成。温度传感器把温度信号转换成电压信号。K－℃变换器是将对应于绝对温度（K）的电压信号变换为对应于摄氏温度（℃）的电压信号，而且得到放大，然后信号送入电压比较器与预设定电压（对应于设定温度）进行比较；由比较器输出电平的高低变化来控制执行机构（继电器），使加热

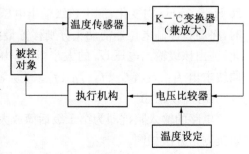

图 3.5.1　温度控制电路原理框图

元件通电或断电,实现温度的自动控制

1) 温度传感器

可采用美国模拟器件公司生产的集成温度传感器 AD590。它是一种电流型二端器件,其电流随温度而变化,具有 1 μA/K 的温度系数,并且按 K(绝对温度)定标,即 0 ℃时,它的电流为 273.2 μA;AD590 的测温范围为 −55 ～ +150 ℃,测温精度高,共分有 I、J、K、L、M 共 5 挡,其中 M 挡精度最高,在测温范围内的非线性误差只有 ±0.3%。AD590 的电压范围为 4～30 V。

AD590 的封装图如图 3.5.2(a)所示,它有三条引线,第三条引线接管壳。

应用 AD590 实现温度—电压变换的电路如图 3.5.2(b)所示。

AD590 的输出电流经过电阻 R 变为电压信号,集成运放构成电压跟随器,其输出电压为:

$$u_{o1} = 1(\mu A) \times RT_K$$

式中:T_K 为绝对温度。

若 $R = 10\ k\Omega$,则 $u_{o1} = 10\ (mV) \times T_K$,即输出电压对应于绝对温度,且温度每变化 1 K,输出电压变化 10 mV。

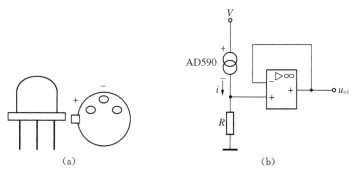

$$\text{(a)} \qquad\qquad\qquad \text{(b)}$$

图 3.5.2　AD590 的封装及温度—电压变换电路

2) K−℃ 变换器

由于 u_{o1} 电压大小是对应于绝对温度 T_K(K),而通常采用摄氏温度 T(℃),因此需将对应于绝对温度的电压转换为对应于摄氏温度的电压,这可采用差动放大器来实现,如图 3.5.3 所示。

由于 $T_K = 273.2 + T$,所以:

$$u_{o1} = 10(mV) \times T_K = 10(mV) \times (273.2 + T)$$

差动放大器的输出为:

$$u_{o2} = \frac{R_3}{R_1}(u_{o1} - U_R)$$

设计时,只需要满足 $T = 0$ ℃时,$U_{o2} = 0$,就实现了输出电压对应于摄氏温度,由此可以决定出参考电压 U_R 的数值应为 2.73 V。$R_1 \sim R_4$ 的数值决定了电路的放大倍数。

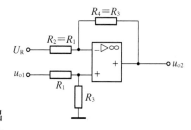

图 3.5.3　K−℃ 变换器

如果电路的放大倍数为 10,则 $u_{o2} = 100(mV) \times T$,即温度每变化 1 ℃,电压变化 100 mV。

3) 电压比较器

电压比较器如图 3.5.4(a)所示,为由集成运放构成的滞回比较器,其电压传输特性如

图 3.5.4(b)所示。

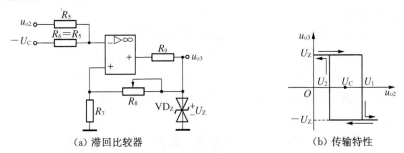

(a) 滞回比较器　　　　　　　　　　(b) 传输特性

图 3.5.4　电压比较器及其传输特性

图 3.5.4(a) 中的 U_C 为对应于设定温度 T 的设定电压值,例如设定温度 $T = 30\,℃$,则应设定 U_C 的数值为:$U_C = 0.1(V) \times 30 = 3\,V$。

图 3.5.4(b) 中的上门限电压 U_1、下门限电压 U_2 分别为:

$$U_1 = U_C + \frac{2R_7}{R_7 + R_8}U_Z$$

$$U_2 = U_C - \frac{2R_7}{R_7 + R_8}U_Z$$

$\frac{2R_7}{R_7 + R_8}U_Z$ 对应于温度控制精度 ΔT,如果 $\Delta T = 1\,℃$,则 $\frac{2R_7}{R_7 + R_8}U_Z = 0.1\,V$,由此式可以决定 R_7、R_8 的数值。当温度高于 $(T + \Delta T)$ 时,滞回比较器的输出电压 u_{o3} 为 $-U_Z$,当温度低于 $(T - \Delta T)$ 时,u_{o3} 为 U_Z。

4）执行机构（继电器驱动电路）

继电器驱动电路如图 3.5.5 所示。当温度超过 $(T + \Delta T)$ 时,$u_{o3} = -U_Z$,三极管 VT 截止,继电器 J 的线圈断电,其常开触点断开,停止加热,反之温度低于 $(T - \Delta T)$ 时,$u_{o3} = U_Z$,三极管饱和导通,继电器线圈通电,常开触点闭合,进行加热。图中 VD 为续流二极管。

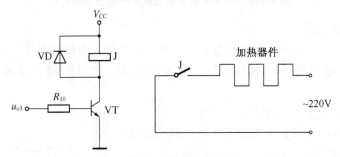

图 3.5.5　继电器驱动电路

3.5.3　调试要点

用温度计测量传感器处的温度 $T(℃)$,如 $T = 27\,℃(300\,K)$,若取 $R = 10\,k\Omega$,则温度—电压变换电路的输出 u_{o1} 应为 $3\,V$。

若差动放大器的放大倍数为 10,参考电压 U_R 为 $2.73\,V$,则差动放大器的输出电压 u_{o2} 应为 $2.7\,V$。差动放大器应严格选取 $R_1 = R_2$、$R_3 = R_4$。

应注意,温度—电压变换电路,以及差动放大器,为了消除集成运放输入失调电压、失调电流的影响,保证输入为 0 时输出为 0,应接调零电路,预先进行调零。

电压比较器应严格选取 $R_6 = R_5$,如设定温度为 40 ℃,则相应的设定电压 U_C 为 4 V。u_{o2} 采用可调直流电压,当 $u_{o2} > (4+0.1)\text{V} = 4.1\ \text{V}$ 时,应有 $u_{o3} = -U_Z$;当 $u_{o2} < (4-0.1)\text{V} = 3.9\ \text{V}$ 时,应有 $u_{o3} = U_Z$。如果对应于温度控制精度的电压不是 0.1 V,则可稍改变 R_8 的数值。

3.5.4 设计要求

(1) 根据设计任务确定总体方案,画出设计框图。

(2) 根据设计框图进行单元电路的设计。画出单元电路图,分析说明电路工作原理,并且决定各元件的参数。

(3) 画出总体电路图。

(4) 列出元器件清单。

(5) 安装调试电路,整理记录实验结果。

(6) 写出实验报告。包括设计与调试的全过程,附上有关资料和图纸,并对实验中出现的问题进行讨论,写出实验的心得体会。

3.6（课程设计 6） 语音放大电路

人可以分辨的声音是频率在 20 Hz～120 kHz 之间的声波,称为音频信号,人的发音器官发出的声音频率在 80 Hz～3.4 kHz 之间,但人说话的信号频率通常在 300 Hz～3 kHz 之间,人们把这频率范围的信号称为语音信号。

3.6.1 设计任务和指标

设计一个由集成运放组成的语音放大电路。该放大电路的原理框图如图 3.6.1 所示。

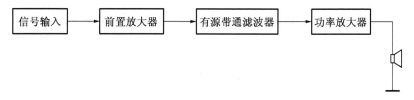

图 3.6.1 语音放大电路原理框图

图中各个基本单元电路的设计指标分别为:

(1) 前置放大器

输入信号 $U_i \leqslant 10\ \text{mV}$;

输入阻抗 $R_i \geqslant 100\ \text{k}\Omega$;

共模抑制比 $K_{CMR} \geqslant 60\ \text{dB}$。

(2) 有源带通滤波器

带通频率范围为 300 Hz ～ 3 kHz。

(3) 功率放大器

最大不失真输出功率 $P_{om} \geqslant 4\ \text{W}$,可连续调节;

负载阻抗 $R_L = 4\ \Omega$；

频率响应 40 Hz～10 kHz。

（4）直流输出电压≤50 mV（输入短路时）。

3.6.2　设计原理和参考电路

1）前置放大器

前置放大器又称为测量用小信号放大电路，是功放之前的预放大，用于增强信号的电压幅度。在一般情况下，有用信号的最大幅度可能仅有几毫伏，而共模噪声可能高到几伏，所以放大器输入漂移和噪声等因素对于电路的整体设计至关重要，前置放大电路应该是一个高输入阻抗、高共模抑制比、低漂移的小信号放大电路。

前置放大器的参考电路如图 3.6.2 所示。

该电路由 3 只集成运放组成的，具有输入电阻高，共模抑制比高等优点。A_1、A_2 为同相输入比例放大器，A_3 为差动放大器。如果 A_1、A_2 的特性相同，且 $R_3 = R_5$，$R_4 = R_6$，则放大器的差模放大倍数为：

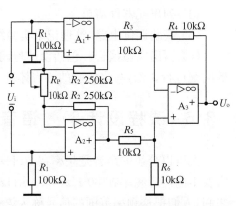

$$A_u = -\left(1 + \frac{2R_2}{R_P}\right)\frac{R_4}{R_3}$$

测量放大器对共模信号没有放大作用，运放特性完全对称时，电路的共模电压放大倍数为 0。若运放 A_1 和 A_2 的漂移相同时，那么漂移就作为共模信号出现，不仅没有放大，还能被第 2 级抑制，从而降低了对 A_1 和 A_2 漂移的要求。因此，A_1 和 A_2 前置放大级的差模增益就要尽可能高。通常可令 A_3 的增益为 1，即 $R_3 = R_4 = R_5 = R_6$。

图 3.6.2　前置放大器参考电路

一般 R_3（R_4、R_5、R_6）的数值取 10 千欧或几十千欧，R_P 取几千欧，R_2 的数值可由 A_u 及 R_P 决定。

由图 3.6.2 可知，电路的输入电阻 $R_i = 2R_1$。

2）有源带通滤波器

在满足低通滤波器的通带截止频率高于高通滤波器的通带截止频率的条件下，把巴特沃兹（Butterworth）高通滤波器和低通滤波器串接起来就可以组成巴特沃兹带通滤波器，如图 3.6.3 所示。这种带通滤波器的通带较宽，通带截止频率易于调整，多用在音频带通滤波电路中。

对于高通（低通）滤波器部分，通带内放大倍数 A_{up}、截止频率 f_L 和 f_H、品质因数 Q 分别为：

$$A_{up} = 1 + \frac{R_f}{R_3}$$

$$f_L = \frac{1}{2\pi R_1 C_1}$$

$$f_H = \frac{1}{2\pi R_2 C_2}$$

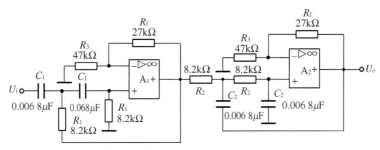

图 3.6.3 带通滤波器参考电路

$$Q = \frac{1}{3 - A_{up}}$$

若 $Q = 0.707$，则为巴特沃兹滤波器。

由截至频率 f_L 可决定 R_1 和 C_1 的数值，由截至频率 f_H 可决定 R_2 和 C_2 的数值。在令 $Q = 0.707$ 时，$A_{up} = 1.58$，由此可以决定 R_3 和 R_f 的数值。

一般滤波电路中的电容量要小于 $1\mu F$，但不宜过小（一般不小于几百皮法），电阻值在几千欧到几百千欧之间选择。

3) 功率放大器

功率放大器的主要作用是向负载提供功率，要求输出功率尽可能大，转换效率尽可能高，非线性失真尽可能小。

参考电路如图 3.6.4 所示，它是五端集成功放 TD2003 的典型应用电路，该电路为 OTL 电路。

该电路电压放大倍数为：

$$A_{up} = 1 + \frac{R_1}{R_2}$$

在图 3.6.4 电路中，补偿元件 R_x、C_x 可按下式选用：

$$R_x = 20R_2$$

$$C_x = \frac{1}{2\pi R_1 f_0}$$

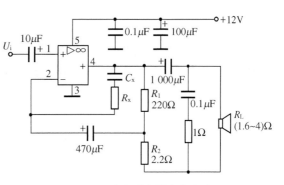

图 3.6.4 功率放大器参考电路

式中：f_0 为 $-3\ dB$ 带宽。

典型应用电路中，$R_1 = 220\ \Omega$，$R_2 = 2.2\ \Omega$，通常选取 $R_x = 39\ \Omega$，$C_x = 0.033\ \mu F$。

4) 分配各级放大电路的电压放大倍数

由设计要求可以知道，该放大器由三级组成，其总的电压放大倍数为：

$$A_u = A_{u1}A_{u2}A_{u3}$$

应根据放大器所要求的总的放大倍数 A_u 来合理分配各级的电压放大倍数，同时还要考虑到各级放大电路所能达到的放大倍数。因此，在分配和确定各级电压放大倍数时应注意以下几点：

（1）由输入信号 U_i、最大不失真输出功率 P_{om}、负载阻抗 R_L，求出总的电压放大倍数 A_u。

（2）为了提高信噪比，前置放大电路的放大倍数可以适当大一些，一般来说，放大倍数可为几十倍。

3.6.3　调试要点

1）前置放大电路

（1）静态调试

调零、消除自激振荡。

（2）动态调试

① 在两输入端加差模输入电压 u_{id}（输入正弦电压，幅值和频率自选），测量输出电压 u_{od1}，观测与记录输出电压与输入电压的波形（幅值、相位关系），算出差模放大倍数 A_{ud1}。

② 在两输入端加共模输入电压 u_{ic}（输入正弦电压，幅值和频率自选），测量输出电压 u_{oc1}，算出共模放大倍数 A_{uc1}。

③ 算出共模抑制比 K_{CMR}。

④ 用逐点法测量幅频特性，并作出幅频特性曲线，求出上、下限截止频率。

⑤ 测量差模输入电阻。

2）有源带通滤波电路

（1）静态调试

调零、消除自激振荡。

（2）动态调试

① 测量幅频特性，并作出幅频特性曲线，求出带通滤波电路的带宽。

② 在通带范围内，输入端加差模输入电压（输入正弦电压，幅值和频率自选），测量输出电压，算出通带电压放大倍数（通带增益）A_{u2}。

3）功率放大电路

（1）静态调试

应在输入端对地短路的条件下进行，观察输出有无振荡，如有振荡，则采取消振措施以消除振荡。

（2）参数测试

测试过程中注意应在波形不失真的条件下进行。

① 测量最大输出功率 P_{om}

输入 $f=1\,\text{kHz}$ 的正弦输入信号 u_i，并逐渐加大输入电压幅值直至输出电压的波形出现临界失真时，测量此时 R_L 两端输出电压的最大值 U_{om} 或有效值 U_o，则

$$P_{om} = \frac{U_{om}^2}{2R_L} = \frac{U_o^2}{R_L}$$

② 测量电源供给的平均功率 P_V

在测试 U_{om} 的同时，只要在电源支路串入一只直流电流表测出直流电源提供的平均电流 I_V，即可求出 P_V。

$$P_V = V_{CC} I_V$$

③ 计算效率 η

$$\eta = \frac{P_{om}}{P_V}$$

④ 计算电压增益 A_u

$$A_u = \frac{U_o}{U_i}$$

4) 系统联调

(1) 将前置放大电路输入端接地,测量直流输出电压。

(2) 输入 $f=1\text{ kHz}$ 的正弦信号,改变 U_i 的大小,用示波器观察输出波形的变化情况,在最大不失真输出电压幅度下,测出 U_i 的数值。

(3) 输入 U_i 为一定值的正弦信号(在输出波形不失真的范围内),改变输入信号的频率,测量 U_o 下降到 $0.707U_o$ 之内的频率变化范围即为带通频率范围。

(4) 计算总的电压放大倍数 $A_u=U_o/U_i$。

5) 试听

在系统的联调和各项性能指标测试完毕之后,就可以模拟试听效果。方法是:将信号源换成收音机,R_L 换成 $4\ \Omega$ 扬声器,从扬声器就可以听到收音机里播放的声音。试听效果应该音质清楚、无噪声、音量大、声音稳定。

3.6.4　设计要求

(1) 根据设计任务确定总体方案,画出设计框图。

(2) 根据设计框图进行单元电路的设计。画出单元电路图,分析说明电路工作原理,并且决定各元件的参数。

(3) 画出总体电路图。

(4) 列出元器件清单。

(5) 安装调试电路,整理纪录实验结果。

(6) 写出实验报告。包括设计与调试的全过程,附上有关资料和图纸,并对实验中出现的问题进行讨论,写出实验的心得体会。

3.7（课程设计 7）　数字电子钟

3.7.1　设计任务和指标

设计一数字电子钟,具体指标如下:

(1) 电子钟以一昼夜 24 小时为一个计数周期。

(2) 能够显示"时"(00~23)、"分"(00~59)、"秒"(00~59)。

(3) 能够实现对"时"、"分"、"秒"的校时。

(4) 能够实现整点报时。

3.7.2　设计原理和参考电路

1) 原理方框图

数字电子钟的原理方框图如图 3.7.1 所示,该电路系统由秒信号发生器、"时""分""秒"计数器、译码器及显示器、校时电路、整点报时电路等组成。秒信号发生器由振荡器和分频器组成,振荡器产生稳定的高频脉冲信号,作为数字钟的时间基准,再经分频器输出标准的秒脉冲;秒计数器计满 60 后向分计数器进位,分计数器计满 60 后向时计数器进位,时计数器用 24 进制计数器;计数器的输出经译码器送显示器。计时出现误差时可以用校准电路进行校时、校分、校秒。整点报时电路是根据计时系统的输出状态产生一个脉冲信号,然后去触发音频器实现报时。

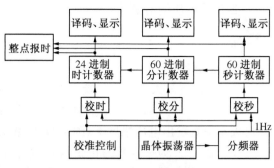

图 3.7.1　数字电子钟原理方框图

2) 秒信号发生器

秒信号发生器是数字钟的核心部分,它的精度和稳定度决定了数字钟的质量。秒信号发生器可由振荡器和分频器构成,常用的典型电路如图3.7.2。

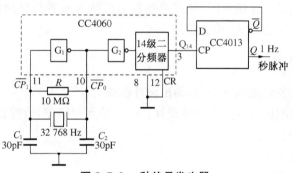

图 3.7.2　秒信号发生器

一般来说,振荡器的振荡频率越高,计时精度越高。通常采用石英晶体构成振荡电路,常取晶振的频率为 32 768 Hz。图 3.7.2 中采用的 CC4060 是一个 14 位二进制计数器,其内部有 14 级二分频器,有两个反相器。$\overline{CP_1}$、$\overline{CP_0}$ 分别为时钟输入、输出端,Q_{14} 输出的是分频后的脉冲。由于晶振频率为 32 768 Hz,需 15 级二分频后才能得到 1 Hz 的脉冲,故需在振荡器后再加一级二分频器,一般可采用 D 触发器完成,如 CC4013、74HC74 等。图 3.7.2 中采用的是 CC4013。

3)"时""分""秒"计数器

秒、分计数器都是模 $M=60$ 的计数器,可采用中规模集成计数器来实现。如图 3.7.3 中采用二—十进制计数器 CC4518 来构成秒计数器,CC4518 有清零端,通过反馈清零法可以很容易的实现任意进制计数器。

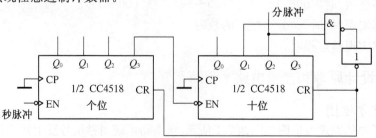

图 3.7.3　六十进制秒计数器

　　1 片 CC4518 含有 2 个十进制计数器,因此可以用 1 片 CC4518 组成秒计数器的个位和十位计数。CC4518 的计数器采用了 EN 作为脉冲输入,下降沿触发,从个位输入秒脉冲,当个位输入第 10 个脉冲时,Q_3 输出负跃变,向十位产生进位脉冲;当输入第 60 个脉冲的下降沿到来时,向分计数器个位进位,同时十位的 Q_2、Q_1 输出"1"对秒计数器清零,重新开始计数。

　　分计数器的电路和秒计数器电路完全相同,也可用图 3.7.3 电路来构成,这里不再重复。

　　时计数器是模 $M=24$ 的计数器,采用 CC4518 实现的电路如图 3.7.4 所示。从分计数器十位进位来的时脉冲从个位 EN 输入,个位 Q_3 作为进位从十位的 EN 输入,通过把个位 Q_2 和十位 Q_1 相与后的信号送到个位、十位计数器的清零端 CR,使计数器清零重新开始计数,从而构成 24 进制计数器。

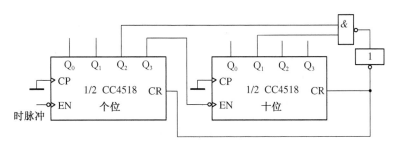

图 3.7.4　二十四进制时计数器

4) 译码显示电路

　　译码器可选用 BCD 输入的 4 线-7 段锁存译码器/驱动器 CC4511,其输入端 A、B、C、D 分别接计数器输出端 Q_0、Q_1、Q_2、Q_3;输出端 $a\sim g$ 分别接数码显示器的七段 a~g。数码显示器选用七段共阴极半导体显示器 SM4205。例如二十四进制计数、译码和显示电路如图3.7.5 所示。

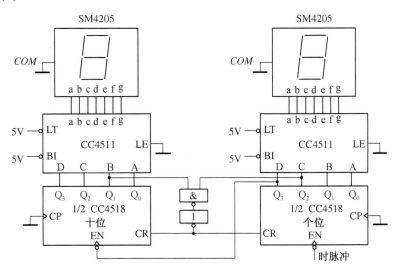

图 3.7.5　二十四进制计数、译码和显示电路

通常使用的数字钟,在译码器输出与数码管之间应串入一个限流电阻 $R = 200 \sim 300\ \Omega$,以防止长时间通电损坏数码管,不允许 +5 V 电源直接接到数码管的码段。

5) 校准电路

当数字钟计时出现错误时,就需要校准时间,这是数字钟应具备的基本功能。校准的方法很多,常用的有快速校准法,如图 3.7.6 所示。

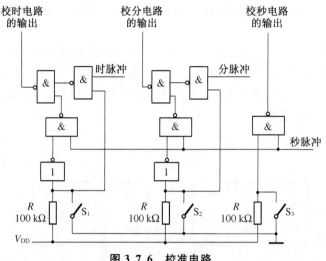

图 3.7.6　校准电路

开关 S_1、S_2、S_3 分别为时、分、秒的校准控制开关,校准信号的输出则是时、分、秒计数器对应的计数脉冲。不进行校准时,S_1、S_2、S_3 均处于断开状态,计数器正常工作。需要对秒进行校准时,闭合 S_3,则秒脉冲无法进入到秒计数器中,直到秒计数器显示为正确的时间,再断开 S_3。需要对分进行校准时,闭合 S_2,分脉冲无法进入分计数器,秒脉冲进入到分计数器中,则分计数器快速计数,直到分计数器显示的时间为正确的时间,再断开 S_2。对时进行校准的方法和对分进行校准的相同。

除了快速校时法,校时电路还可采用图 3.7.7 电路来实现,开关 S 闭合时,电路进入校时状态,手按键利用单次脉冲即可进入校时操作,S 断开时为计数状态。

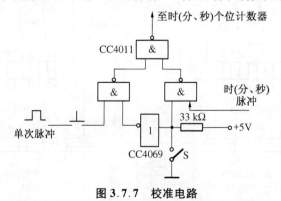

图 3.7.7　校准电路

6) 整点报时电路

整点报时的类型很多,这里以仿广播电台正点报时的方式进行电路设计。仿广播电台正点报时电路的功能要求是:每当数字钟计时快要到正点时发出声响,通常按照四低音一高音的顺序发出间断声响,以最后一声高音结束时的时刻为正点时刻。具体设计的电路要求在离整点差 10 秒时,每隔 1 秒鸣叫一次,每次持续时间为 1 秒,共响 5 次,前 4 次为低音 500 Hz,最后一次为高音 1 kHz。

设 4 声低音分别发生在 59 分 51 秒、53 秒、55 秒和 57 秒,最后一声高音发生在 59 分 59 秒,它们持续的时间均为 1 秒,如表 3.7.1 所示。

表 3.7.1　秒个位计数器的状态

CP(秒)	Q_3	Q_2	Q_1	Q_0	功　能
50	0	0	0	0	
51	0	0	0	1	鸣低音
52	0	0	1	0	停
53	0	0	1	1	鸣低音
54	0	1	0	0	停
55	0	1	0	1	鸣低音
56	0	1	1	0	停
57	0	1	1	1	鸣低音
58	1	0	0	0	停
59	1	0	0	1	鸣高音
00	0	0	0	0	停

由表 3.7.1 可得,秒个位的输出:

$$Q_3 = \begin{cases} 0 & 500 \text{ Hz 输入音响} \\ 1 & 1 \text{ kHz 输入音响} \end{cases}$$

当"分"十位的状态为 $Q_3Q_2Q_1Q_0 = 0101$,"分"个位的状态为 $Q_3Q_2Q_1Q_0 = 1001$,"秒"十位的状态为 $Q_3Q_2Q_1Q_0 = 0101$ 以及秒个位的 $Q_0 = 1$ 时,用秒个位 Q_3 的状态来控制 500 Hz 或 1 kHz 的音频输入。仿电台整点报时的电路如图 3.7.8 所示。

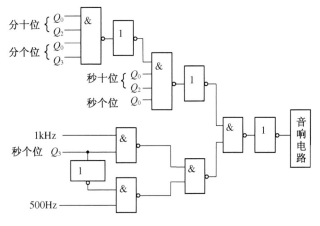

图 3.7.8　仿电台报时电路

3.7.3 调试要点

1）秒信号发生器电路

按图 3.7.2 连线,将秒脉冲接发光二极管,观察发光二极管的显示情况,判断是否产生秒脉冲信号。

2）计数、译码、显示电路

(1) 根据图 3.7.3 和图 3.7.4,参照图 3.7.5,连接二十四进制、六十进制计数器、译码显示电路。

(2) CC4518 的 CR 为异步清零端,高电平有效,调试时可先将 CR 接高电平,观察数码管显示是否为 0。

(3) 对于时、分、秒计数器,可分别从 EN 端输入 1 Hz 脉冲,观察数码管的显示以验证计数器是否正常工作。

3）校准电路

按照图 3.7.6 接线,校准信号接发光二极管,S_3 断开、S_2、S_1 闭合,观察发光二极管是否都是对秒脉冲进行计数。

4）整点报时电路

按图 3.7.8 接线,1 kHz 和 500 Hz 的 CP 信号可由实验箱上获得,观察报时电路是否满足要求。

上述各部分电路调试正常后,将整个系统连接起来进行统调。

3.7.4 设计要求

(1) 划分各单元电路的功能,并进行单元电路设计,画出逻辑图。

(2) 确定数字钟的总体设计方案,画出总逻辑图。

(3) 选择元器件型号,确定元器件的参数。

(4) 画出装配图,并在面包板上组装电路。

(5) 自拟调整测试方法步骤,并进行电路调试,使其达到设计要求。

(6) 写出设计报告。

3.8（课程设计 8） 定时器

3.8.1 设计任务和指标

设计一个具有正计时和倒计时功能的定时器,具体指标如下:

(1) 计时范围为 0~99 秒,两位数字显示,计时间隔为 1 秒。

(2) 顺时针计数的情况下具有定时功能。

(3) 具有置数和倒计时功能。

(4) 定时结束具有警示功能。

(5) 设置外部开关,使定时器具有清零、暂停和启动功能。

3.8.2　设计原理和参考电路

1）原理方框图

定时器是一个可按用户需要在计时范围内任意设定工作时间长短、能自动计时、并具有定时警示功能的装置。其原理方框图如图 3.8.1 所示,主要由秒脉冲发生器、控制电路、可逆计数器、译码器、显示器等五部分电路组成,控制电路中包括工作方式控制、启动脉冲选通电路、起/停门控电路、暂停门控电路和定时控制电路。

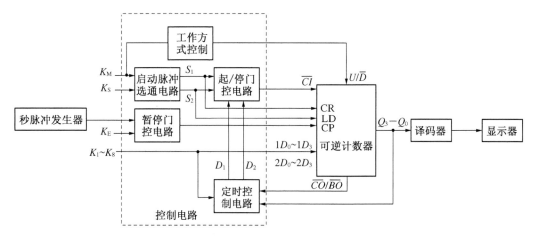

图 3.8.1　定时器原理框图

定时器的简要工作原理如下。先由工作方式选择开关 K_M 确定可逆计数器是加计数还是减计数,再按启动脉冲按钮 K_S,经启动脉冲选通电路,分别按工作状态产生两种启动脉冲 S_1(加计数) 或 S_2(减计数),S_1、S_2 送至起/停门控电路,使计数器的 $\overline{CI} = 0$,计数器进行计数。同时加计数时 S_1 使计数器清零,减计数时 S_2 使计数器置数。计数器加计数时,其输出端 $Q_3 \sim Q_0$ 送到定时控制电路与 $K_1 \sim K_8$ 的设定值进行比较,当到达预置定时时间,定时控制电路产生一个停止高电平 D_1 送起/停门控电路,使计数器的 $\overline{CI} = 1$,计数器停止计数;计数器减计数时,由计数器的进位借位控制端 $\overline{CO}/\overline{BO}$ 送至定时控制电路,进行全零判断,当计数器输出处于全零状态时,同样产生一个停止高电平 D_2 送起/停门控电路,使计数器的 $\overline{CI} = 1$,计数器停止计数。

2）秒脉冲发生器

可采用振荡频率为 32 768 Hz 的石英晶体振荡器,将其输出进行 15 级二分频可获得秒脉冲,其电路如图 3.8.2 所示。图中 CC4060 是一个 14 位二进制计数器,其内部有 14 级二分频器,有两个反相器。$\overline{CP}_1$、$\overline{CP}_0$ 分别为时钟输入、输出端,Q_{14} 输出的是 14 级二分频后的脉冲,故需在其后再加一级二分频器,一般可采用 D 触发器完成,如 CC4013、74HC74 等,图 3.8.2 中采用的是 CC4013。

3）计数器

作为定时器的主体,计数器需由能预置数的可逆计数器来完成,可采用二—十进制加/减计数器 CC4510,其逻辑符号和引脚排列图如图 3.8.3 所示。

CP 为 CC4510 的时钟输入端,上升沿触发;$U/\overline{D}$ 为计数方式控制端,当 $U/\overline{D}$ 为"1" 时,

计数器作加计数,$U/\overline{D}$ 为"0"时,计数器作减计数;$Q_3 \sim Q_0$ 为计数器输出端;$D_3 \sim D_0$ 为计数器预置数输入端,LD 为预置控制端,高电平有效;CR 为清零端,高电平有效;$\overline{CI}$ 为进位输入端,低电平有效,专为方便 CC4510 级联而设置的;$\overline{CO}/\overline{BO}$ 为进位/借位输出端。CC4510 的功能见表 3.8.1。

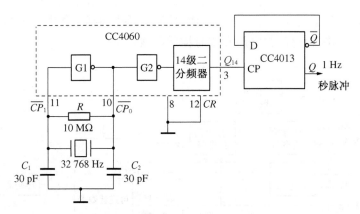

图 3.8.2　秒脉冲发生器电路

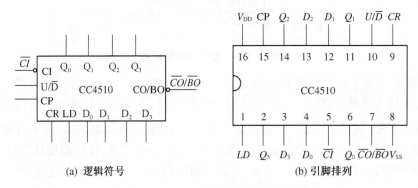

(a) 逻辑符号　　　　　　　　　　(b) 引脚排列

图 3.8.3　CC4510 的逻辑符号和引脚排列

表 3.8.1　CC4510 的功能表

CP	$\overline{CI}$	$U/\overline{D}$	LD	CR	功　能
×	×	×	1	0	预置数
×	×	×	×	1	清　零
×	1	×	0	0	不计数
↑	0	1	0	0	加计数
↑	0	0	0	0	减计数

本设计需采用两片 CC4510 级联构成一个百进制计数器,CC4510 级联时,可用 $\overline{CO}/\overline{BO}$ 输出作为后级计数器 $\overline{CI}$ 的控制信号。当 $\overline{CO}/\overline{BO}=0$ 时,后级计数器可计数;当 $\overline{CO}/\overline{BO}=1$ 时,后级计数器保持原状态不变。电路请读者自行设计。

4) 启动脉冲选通电路

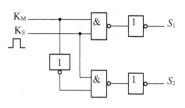

启动脉冲选通电路可由与非门构成,电路如图 3.8.4 所示,图中两输入与非门采用 CC4011,反相器采用 CC4069。

当 K_M 拨到"1"时,按一下启动脉冲按钮 K_S,产生一个加计数启动脉冲 S_1,而 $S_2 = 0$;当 K_M 拨到"0"时,按一下启动脉冲按钮 K_S,产生一个减计数启动脉冲 S_2,而 $S_1 = 0$。

图 3.8.4 启动脉冲选通电路

5) 起/停门控电路

该电路可由或非门组成 RS 触发器来实现,电路如图 3.8.5 所示,图中四输入或非门采用 CC4002。

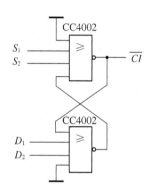

图 3.8.5 起/停门控电路

表 3.8.2 起/停门控电路功能表

输 入		输 出
$S_1 + S_2$	$D_1 + D_2$	$\overline{CI}$
0	0	不变
0	1	1
1	0	0
1	1	禁止

起/停门控电路逻辑功能见表 3.8.2,在 S_1 或 S_2 启动脉冲(正脉冲)作用下,电路输出 $\overline{CI} = 0$,计数器计数;在 D_1 或 D_2 为高电平时,电路输出 $\overline{CI} = 1$,计数器停止计数。

6) 暂停门控电路

暂停门控电路可由与门或者与非门构成,电路如图 3.8.6 所示,图中采用两输入与非门 CC4011 构成。当暂停控制开关 K_E 拨到"1"时,秒脉冲信号则可通过门控电路送至计数器 CP 端,计数器计数;当控制开关 K_E 拨到"0"时,则计数器停止计数。

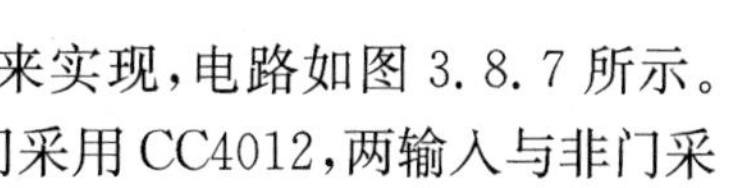

图 3.8.6 暂停门控电路

7) 定时控制电路

定时控制电路的作用主要是产生加计数停止高电平 D_1 和减计数停止高电平 D_2。

(1) 加计数时 D_1 的产生

加计数时的定时控制电路可由异或门组成的比较电路来实现,电路如图 3.8.7 所示。图中反相器采用 CC4069,异或门采用 CC4070,四输入与非门采用 CC4012,两输入与非门采用 CC4011。

$K_1 \sim K_8$ 为预置数控制开关,与计数器的 $1D_0 \sim 1D_3$、$2D_0 \sim 2D_3$ 相连。加计数时,通过定时控制电路进行比较,当计数器输出 $1Q_0 \sim 2Q_3$ 与 $K_1 \sim K_8$ 预置的工作时间相等时,输出 D_1 变为高电平。

(2) 减计数时 D_2 的产生

减计数时的定时控制电路可由一个二输入或非门来实现,电路如图 3.8.8 所示。图中或非门采用 CC4001。只有当两位计数器减到全零时,高位和低位的计数器 $\overline{CO}/\overline{BO}$ 端才能同时产生负脉冲,从而经过或非门产生一个停止高电平 D_2。

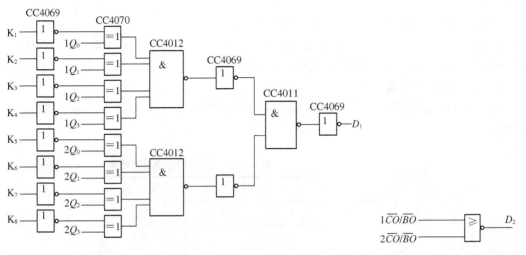

图 3.8.7　加计数的定时控制电路　　　　　图 3.8.8　减计数的定时控制电路

8) 译码、显示电路

译码器的作用是将计数器的计数结果进行二—十进制译码,并驱动数码管用十进制符号显示出来,电路如图 3.8.9 所示。

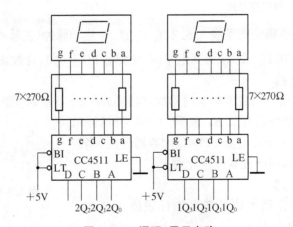

图 3.8.9　译码、显示电路

图中译码器选用 BCD 输入的 4 线-7 段锁存译码器/驱动器 CC4511,其输入端 A、B、C、D 分别接计数器输出端 Q_0、Q_1、Q_2、Q_3;输出端 $a \sim g$ 分别接数码显示器的七段 $a \sim g$。数码显示器选用七段共阴极半导体显示器 SM4205。译码器和显示器之间分别串入 7 个 100 Ω~500 Ω 限流电阻,以防止电流过大而烧坏数码管。

9) 报警电路

报警电路的作用为当定时结束时,产生的停止高电平 D_1 或 D_2 去驱动发光二极管点亮,以提醒定时结束。具体电路如

图 3.8.10　报警电路

图 3.8.10 所示,图中或非门采用 CC4001,反相器采用 CC4069。

3.8.3　调试要点

1）秒脉冲发生器电路

按图 3.8.2 连线,将秒脉冲发生器电路的输出接发光二极管,观察发光二极管的显示情况,判断是否产生秒脉冲信号。

2）计数器电路

利用两片 4510 实现百进制的加/减计数器,$U/\overline{D}$、$\overline{CI}$、CR、LD 接数据开关,CP 接秒脉冲,Q_3、Q_2、Q_1、Q_0 接发光二极管,按表 3.8.1 分别验证 $U/\overline{D}$、$\overline{CI}$、CR、LD 的各脚功能,并观察计数器能否正常计数。

3）起/停门控电路

按图 3.8.5 所示电路连线,S_1、S_2、D_1、D_2 接数据开关,$\overline{CI}$ 接发光二极管,按表 3.8.2 验证其逻辑功能是否正确。

4）定时控制电路

（1）加计数停止脉冲 D_1 的调试:按图 3.8.7 连线,$K_1 \sim K_8$、$1Q_0 \sim 2Q_3$ 接数据开关,D_1 接发光二极管,通过 $K_1 \sim K_8$ 以及 $1Q_0 \sim 2Q_3$ 输入相同数据时,观察 D_1 是否为高电平。

（2）减计数停止脉冲 D_2 的调试:按图 3.8.8 连线,$1\overline{CO}/\overline{BO}$、$2\overline{CO}/\overline{BO}$ 接数据开关,D_2 接发光二极管,当 $1\overline{CO}/\overline{BO}$、$2\overline{CO}/\overline{BO}$ 输入均为 0 时,观察 D_2 是否为高电平。

5）译码显示电路

按图 3.8.9 接线,将每片 4511 的 D、C、B、A 接数据开关置数,例如置 $DCBA=1000$,观察数码管是否显示"8"。

上述各部分电路调试正常后,将整个系统连接起来进行统调。

3.8.4　设计要求

（1）划分各单元电路的功能,并进行单元电路设计,画出逻辑图。
（2）确定定时器的总体设计方案,画出总逻辑图。
（3）选择元器件型号,确定元器件的参数。
（4）画出装配图,并在面包板上组装电路。
（5）自拟调整测试方法步骤,并进行电路调试,使其达到设计要求。
（6）写出设计报告。

3.9（课程设计 9）　数字毫秒计

3.9.1　设计任务和指标

设计一个能够测量脉冲宽度的数字式毫秒计,具体指标如下:
（1）测量时间范围为 1～9 999 ms。
（2）可以测量单个正脉冲或负脉冲宽度时间。

（3）测量误差为±1个数字。

（4）能手动清零。

3.9.2　设计原理和参考电路

数字毫秒计是用来测量脉冲宽度的数字显示装置，其原理框图如图 3.9.1 所示。它主要由石英晶体振荡器、分频电路、门控电路、主控门、计数器、译码器和数码显示器等部分组成。

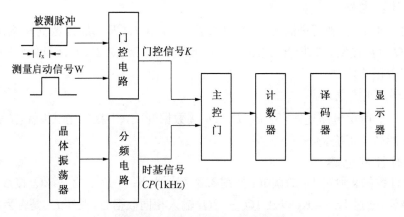

图 3.9.1　数字毫秒计原理框图

在脉冲宽度为 t_x 的被测信号连续输入到门控电路时，测量启动信号 W 每作用一次，门控电路产生一个宽度与被测脉冲宽度 t_x 相等的门控信号 K。门控信号 K 输入主控门，用来控制主控门的开与关。在门控信号 K 为高电平期间，主控门打开，时基信号 CP 脉冲通过主控门，并送至计数译码显示电路进行计数显示。当被测的第 1 个正脉冲结束时，门控信号 K 变为低电平，主控门随之关闭，计数结束，显示器的数字为被测脉冲宽度的时间。每进行一次测量，只能测一个正脉冲宽度的时间。

1）石英晶体振荡器

为了提高测量时间的精度以及获得频率稳定的时基脉冲，本电路可以采用石英晶体振荡器，如图 3.9.2 所示。

石英晶体的谐振频率为 1 MHz，非门 G_1 和 G_2 采用 CMOS 非门 CC4069 组成。R_1 为反馈电阻，用以确定 G_1 的工作点，由于 G_1 的输入电阻极高，输入端几乎不吸收电流，静态时输出电压经 R_1 反馈至输入端。R_1 的取值应远小于 G_1 的输入电阻，使 G_1 的工作点处于电压传输特性曲线线性放大区，从而保证电路振荡。反馈系数取决于 C_1 和 C_2 的比值，C_1 还可用来微调振荡频率，使其

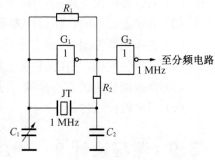

图 3.9.2　石英晶体振荡器

为 1 MHz。由于 G_1 输出的为近似正弦信号，因此再经反相器 G_2 整形，以获得 1 MHz 的脉冲信号。本电路中可取 $R_1 = 5.1\,\mathrm{M\Omega}, R_2 = 5.1\,\mathrm{k\Omega}, C_1 = 3 \sim 56\,\mathrm{pF}, C_2 = 50\,\mathrm{pF}$。

2）分频电路

由于石英晶体振荡器输出信号频率为 1 MHz，为了得到周期为标准时间 1 ms 的时基

脉冲,需经过三级 10 分频电路,如图 3.9.3 所示。电路中采用 CMOS 十进制计数器 CC4518 组成三级 10 分频电路,最后获得周期为 1 ms 的时基脉冲。

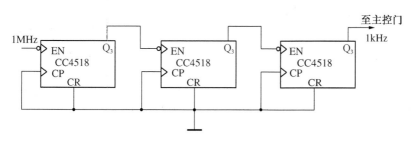

图 3.9.3　三级 10 分频电路

3）门控电路

门控电路如图 3.9.4 所示,它包括清零控制门、控制电路和控制门。这里采用 D 触发器 CC4013、与非门 CC4011 以及与门 CC4073 组成。

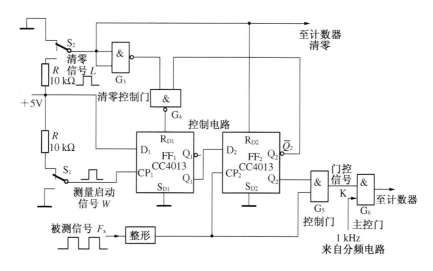

图 3.9.4　门控电路

测量前先按下清零开关 S_2,产生清零信号 L 的高电平将触发器 FF_1、FF_2 以及计数器清零,这时 $Q_1 = Q_2 = 0$。测量时按下测量开关 S_1,获得一个测量正脉冲 W,由于 FF_1 的 D 输入端接 1,因此 W 的上升沿到来后 Q_1 由 0 翻转为 1 状态,即 $Q_1 = 1$,FF_2 的 $D_2 = 1$。在输入被测正脉冲 F_x 的上升沿后,FF_2 的输出由 0 翻转为 1 状态,即 $Q_2 = 1$,$\overline{Q_2} = 0$,$\overline{Q_2}$ 经 G_4 送至 FF_1 的 R_1 端,使 FF_1 清零,$Q_1 = 0$,$D_2 = 0$。FF_2 只有在下一个被测脉冲的上升沿到来后才能重新置 0。因此,Q_2 的高电平时间是两个被测脉冲之间的时间间隔,即被测脉冲 F_x 的周期。为了获得脉冲宽度与被测脉冲宽度相等的门控信号,将 Q_2 的输出波形与被测信号 F_x 经控制门 G_5 相与即可得到。

4）主控门电路

电路如图 3.9.4 所示,主控门 G_6 为正与门,它的一个输入信号来自控制门 G_5 的输出,另一个输入信号为时基脉冲信号,当控制门 G_5 输出高电平时,主控门 G_6 打开,周期 $T = 1$ ms 的时基脉冲通过主控门送入计数器进行计数。当控制门 G_5 输出低电平时,主控门 G_6 关闭,时基脉冲不能通过主控门,计数器停止计数。主控门可选用 CMOS 与门 CC4073,也可由与非门 CC4011 构成。

5) 计数、译码、显示电路

计数器是将主控门输出的时基脉冲进行累加计数,由于计数器的最大容量为 9 999 ms,因此需采用 4 级 8421BCD 码十进制加法计数器,分别代表十进制的个位、十位、百位和千位,它们可由同步计数器 CC4518 双 BCD 码计数器组成,电路如图 3.9.5 所示。

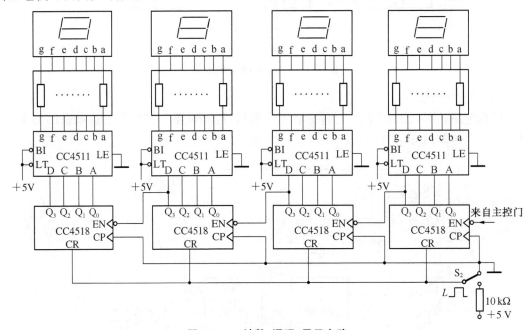

图 3.9.5 计数、译码、显示电路

计数脉冲由 EN 端输入,为来自主控门输出的时基脉冲,这时 CP 端接低电平(地)。进位信号由低位计数器 Q_3 端送到相邻高位计数器的 EN 端。S_2 为清零控制开关,清零信号 L 使在测量之前,4 级计数器全部清零。

4 位译码器选用 BCD 输入的 4 线-7 段锁存译码器/驱动器 CC4511,其输入端 A、B、C、D 分别接计数器输出端 Q_0、Q_1、Q_2、Q_3;输出端 $a \sim g$ 分别接数码显示器的七段 $a \sim g$。数码显示器选用七段共阴极半导体显示器 SM4205。译码器与显示器之间分别串入 7 个 $100 \sim 500 \ \Omega$ 限流电阻,以防止电流过大而烧坏数码管。

3.9.3 调试要点

1) 石英晶体振荡器与分频电路

用示波器观察石英晶体振荡器是否起振,输出波形是否正确。石英晶体振荡器正常工作时,G_1 输出波形峰-峰值约为 3 V,频率为 1 MHz,经 G_2 整形后,输出脉冲的幅度不小于 4 V。

用示波器观察 3 级十分频电路输出脉冲频率是否分别为 100 kHz、10 kHz、1 kHz。

2) 门控电路

将门控电路输出与主控门断开,用万用表测量门控电路的输出端(G_5 输出端),每按动一次测量按钮,万用表指针晃动一次,则说明门控电路的工作正常。

按下清零控制开关 S_2,G_3 输入为高电平,用万用表测量 Q_1 和 Q_2 端的电压是否为低电平。

3) 计数、译码、显示电路

将各级计数器的进位线断开,分别从各级计数器的时钟输入端输入 1 Hz 的脉冲信号,观察数码显示器的数字是否显示正常。

上述各部分电路调试正常后,将整个系统连接起来进行统调。

3.9.4　设计要求

(1) 划分各单元电路的功能,并进行单元电路设计,画出逻辑图。

(2) 确定数字毫秒计的总体设计方案,画出总逻辑图。

(3) 选择元器件型号,确定元器件的参数。

(4) 画出装配图,并在面包板上组装电路。

(5) 自拟调整测试方法步骤,并进行电路调试,使其达到设计要求。

(6) 写出设计报告。

3.10（课程设计 10）　智力竞赛抢答器

3.10.1　设计任务和指标

设计一个可供 8 名选手参加抢答的智力竞赛抢答器,具体指标如下:

(1) 8 名选手参加比赛,编号分别为 0～7,各用一个抢答按钮,编号为 S_0～S_7。

(2) 节目主持人使用一个控制开关,开关拨在清零位置,系统清零(选手编号显示电路数码管灭);开关拨在开始位置,抢答开始,选手可进行抢答。

(3) 抢答器具有数据锁存和显示功能。抢答开始后,若有选手最先按下抢答按钮,其编号立即锁存,并在选手编号显示电路上显示,同时扬声器发声提示。此外,要封锁输入电路,禁止其他选手抢答。最先抢答选手的编号一直保持到主持人将系统清零。

(4) 抢答器具有定时抢答功能,抢答限定时间可由主持人设定,最大为 99 s。当抢答开始后,定时电路以设定的时间进行减计时,并在时间显示器上显示。

参赛选手在设定时间内抢答,抢答有效,定时器停止计时并显示抢答时刻(为抢答剩余时间),直到主持人将系统清零。

若设定的抢答时间已到(时间显示器显示为"00"),却没有选手抢答,则本轮抢答无效,扬声器发声提示,并封锁输入电路,禁止选手超时抢答。

3.10.2　设计原理和参考电路

抢答器电路主要由抢答电路、时序控制电路、锁存器、秒脉冲发生器、定时电路、译码显示电路以及报警电路等几部分组成,其原理方框图见图 3.10.1。其中抢答电路主要由主持人控制开关、抢答按钮、优先编码器几部分构成。

抢答器的工作原理是:节目主持人先将控制开关置于"清零"位置,抢答器处于禁止状态,选手编号显示器灭灯,定时时间显示器显示设定的抢答时间。在主持人将控制开关拨到"开始"后,抢答开始,抢答器处于工作状态,定时器开始倒计时。若定时时间到,却没有选手抢答时,扬声器发声报警,并封锁输入电路,禁止选手超时后抢答。若有选手在设定的抢答时间内按动抢答键,扬声器发声提示已有人抢答,而优先编码电路立即分辨出抢答者的编号,并由锁存器进行锁存,然后通过译码显示电路显示抢答者的编号。时序控制电路一方面要对输入编码电路进行封锁,避免其他选手再次抢答,另一方面要使定时器停止工作,定时时间显示器显示抢答剩余时间,并保持到主持人将系统清零为止;在选手回答问题完毕后,主持人操作控制开关,使系统回复到禁止工作状态。

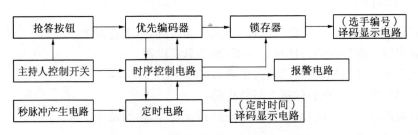

图 3.10.1　智力竞赛抢答器原理方框图

1）抢答电路

抢答电路的功能有两个:一是能分辨出选手按键的先后,并锁存优先抢答者的编号;二是要使其他选手的按键操作无效。可以选用 8 线—3 线优先编码器 74LS148 和 RS 锁存器 74LS279 完成上述功能,其电路组成如图 3.10.2 所示。

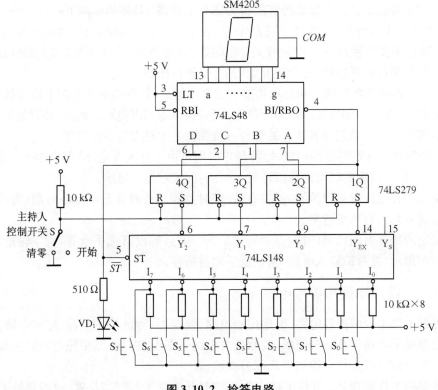

图 3.10.2　抢答电路

当主持人控制开关处于"清零"位置时,RS 触发器的 $\overline{R}$ 端为低电平,输出端($4Q \sim 1Q$)全部为低电平。于是 74LS48 的 $\overline{BI} = 0$,显示器灭灯;74LS148 的选通输入端 $\overline{ST} = 0$,74LS148 处于工作状态,此时锁存电路不工作。当主持人开关拨到"开始"位置时,优先编码电路和锁存电路同时处于工作状态,即抢答器处于等待工作状态,等待输入端 $\overline{I_7},\cdots,\overline{I_0}$ 输入信号。当有选手将键按下时(如按下 S_2),74LS148 的输出 $\overline{Y_2}\,\overline{Y_1}\,\overline{Y_0} = 101$,$\overline{Y}_{EX} = 0$,74LS279 的输出 $4Q3Q2Q = 010$,$1Q = 1$,$\overline{BI} = 1$,译码器 74LS48 工作,显示器显示抢答者的编号 2。同时 74LS148 的 $\overline{ST} = 1Q = 1$,74LS148 处于禁止状态,封锁了其他选手按键送出的抢答信号。当 S_2 放开后,$\overline{Y}_{EX} = 1$,但 $1Q$ 仍锁存为 1,74LS148 仍处于禁止状态。这就保证了抢答者的优先性以及抢答电路的准确性。当抢答者回答完问题后,由主持人操作控制开关 S,使抢答电路复位,以便进行下一轮抢答。

2) 秒脉冲产生电路

秒脉冲产生电路采用 555 定时器来实现,电路如图 3.10.3 所示,图中利用 555 定时器构成一个多谐振荡器。

多谐振荡器的振荡周期为:

$$T = 0.7(R_1 + 2R_2)C = 0.7(47 + 2 \times 47) \times 10^3 \times 10 \times 10^{-6} = 987\,\text{ms} \approx 1\,\text{s}$$

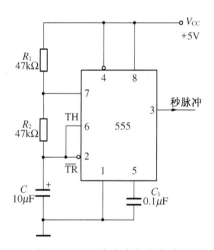

图 3.10.3　秒脉冲产生电路

3) 定时电路

定时器的主要功能是完成抢答倒计时,并显示第 1 个抢答者按键时,还剩余的抢答限定时间。定时电路如图 3.10.4 所示,包括计数、译码、显示等部分,其中设计的关键是计数器。

计数器由两片同步十进制加/减计数器 74LS192 级联,构成一个 100 以内的减计数器。主持人可根据抢答题的难易程度,设定每次抢答的限定时间,这是通过 $D_3D_2D_1D_0$ 对计数器并行送数来实现的。当主持人控制开关 S 拨在"清零"时,两片计数器的 $\overline{LD} = 0$,将由 $D_3D_2D_1D_0$ 设定的时间送至 $Q_3Q_2Q_1Q_0$,经译码显示电路,显示抢答限定时间。由于秒脉冲是经过控制门(与门)送至个位计数器的 $CP_D(1CP_D)$ 端,控制信号为十位计数器的 $\overline{BO}(2\,\overline{BO})$ 端。因此,当主持人控制开关 S 拨在"开始"位置时,$2\,\overline{BO} = 1$,控制门开,秒脉冲通过,计数器减数。当计数器减计数至 0 时,$2\,\overline{BO} = 1$,控制门关,秒脉冲被封锁,计数器停止计数。

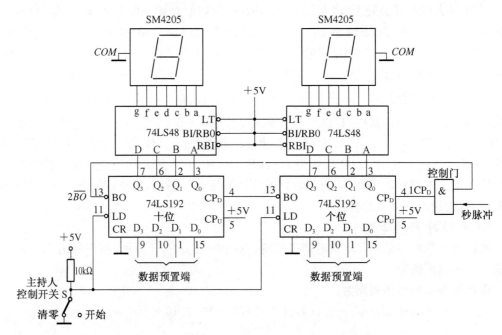

图 3.10.4　定时器电路

4）声响报警电路

由 555 定时器和三极管构成的声响电路如图 3.10.5 所示，其中 555 构成多谐振荡器，其输出信号经三极管推动扬声器发声。PR 为控制信号，PR 为高电平时，多谐振荡器工作，扬声器发出声响；反之，电路停振，扬声器不发声。

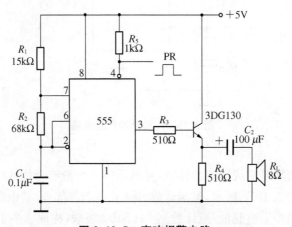

图 3.10.5　声响报警电路

5）时序控制电路

以上电路还不能满足设计的全部要求，抢答、定时电路部分的时序控制电路需加以完善，改进后的时序控制电路如图 3.10.6(a)所示。

在图 3.10.2 抢答电路中，只是实现在已有选手最先抢答时，74LS279 的 $1Q = 1$，从而 74LS148 的 $\overline{ST} = 1$，使 74LS148 处于禁止状态，其他选手抢答无效。而又要实现在设定时间到,无选手抢答,即十位计数器 74LS192 的 $\overline{BO}(2\overline{BO}) = 0$ 时,也使 $\overline{ST} = 1$,以禁止选手再抢答,可如图 3.10.6(a) 所示,使 $\overline{ST} = \overline{\overline{1Q} \cdot 2\overline{BO}}$ 就能满足要求。

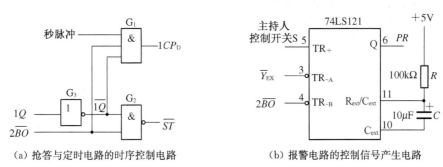

(a) 抢答与定时电路的时序控制电路　　　(b) 报警电路的控制信号产生电路

图 3.10.6　时序控制电路

在图 3.10.4 定时电路中,只是实现在设定时间到,无选手抢答时,十位计数器 74LS192 的 $\overline{BO}(2\overline{BO}) = 0$,封锁秒脉冲进入个位计数器 74LS192 的 $CP_D(1CP_D)$ 端。而同时要实现规定时间内有选手抢答,即当 74LS279 的 $1Q = 1$ 时,也能封锁秒脉冲进入 $CP_D(1CP_D)$ 端。这只要将图 3.10.4 中控制门(与门)增加一个控制端 $1Q$ 就可以了,如图 3.10.6(a) 中与门 G_1 所示。

图 3.10.6(b) 中,单稳态触发器 74LS121 用于产生声响报警电路控制信号 PR。当主持人控制开关 S 拨在"开始"位置,S = 1 后,当有选手抢答,74LS148 的 $\overline{Y}_{EX} = 0$ 时,或当抢答限定时间到,无选手抢答,十位计数器 74LS192 的 $\overline{BO}(2\overline{BO}) = 0$ 时,在 74LS121 输出端 Q 都会产生一个正脉冲 PR,其脉冲宽度由 R、C 决定。

3.10.3　调试要点

1) 抢答电路

按图 3.10.2 接线,先将主持人控制开关拨到"清零"位置,观察选手编号显示器是否灭灯;再将主持人控制开关拨到"开始"位置,按下任意一个选手抢答键,例如 S_2,观察选手编号显示器是否显示 2;同时再按下其他选手键,观察显示器是否变化,若无变化则抢答电路正常。

2) 定时电路

将图 3.10.3 和图 3.10.4 连接起来,若设定时间为 30 s,即计数器个位数据预置端 $D_3D_2D_1D_0 = 0000$,十位的 $D_3D_2D_1D_0 = 0011$,将主持人控制开关 S 拨在"清零"时,计数器置数,观察时间显示器的显示是否与所置数吻合;当主持人控制开关 S 拨在"开始"时,则开始进行倒计时定时。时间显示器应倒计时,直至显示 00。

3) 报警电路

将图 3.10.5 和图 3.10.6(b) 连接起来,检查扬声器发声是否正常。74LS121 的 3、5 脚接高电平,4 脚接秒脉冲,则应每秒发声一次,持续时间约 0.7 秒。

上述各部分电路调试正常后,将整个系统连接起来进行统调。

3.10.4　设计要求

(1) 划分各单元电路的功能,并进行单元电路设计,画出逻辑图。

（2）确定智力抢答器的总体设计方案，画出总逻辑图。

（3）选择元器件型号，确定元器件的参数。

（4）画出装配图，并在面包板上组装电路。

（5）自拟调整测试方法步骤，并进行电路调试，使其达到设计要求。

（6）写出设计报告。

3.11（课程设计 11）　简易数控直流稳压电源

3.11.1　设计任务和指标

设计一个可以通过数字量输入来控制输出电压大小的直流稳压电源。具体指标如下：

（1）输出电压范围为 $0\sim9$ V，纹波电压小于 10 mV。

（2）输出电流为 500 mA。

（3）输出直流电压能步进调节，由"＋"、"－"两键控制电压步进增和减，步进值为 1 V。

（4）输出电压由数码管显示。

（5）自制该系统工作所需的辅助稳压电源。

3.11.2　设计原理和参考电路

数控直流稳压电源的原理方框图如图 3.11.1 所示，主要由数字控制电路、D/A 转换器电路、可调稳压电路、译码显示电路、辅助电源电路等部分组成。

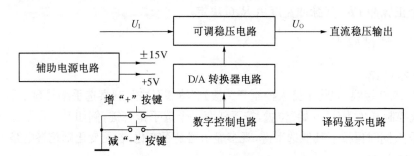

图 3.11.1　数控直流稳压电源原理方框图

由"＋"、"－"两键控制可逆二进制计数器，二进制计数器的输出送到 D/A 变换器，经 D/A 转换器转换成相应的电压，此电压经过放大到合适的电压值后，去控制稳压电源的输出，使稳压电源的输出电压以 1 V 的步进值增或减。

1）数字控制电路

数字控制电路的核心是一个可逆二进制计数器，可采用同步、可预置、双时钟可逆计数器 74LS192，电路如图 3.11.2 所示。

此部分电路主要由两个按钮开关作为电压调整键，分别连接至 74LS192 的时钟输入 CP_U 与 CP_D 端，以便控制计数器的输出作加计数还是减计数。为了消除按键抖动脉冲引起输出的误动作，分别在"＋"、"－"按键和计数器间接入一个 74HC123 单稳态触发器。每次按下"＋"、"－"键，74HC123 输出一个 100 ms 左右的单脉冲，可控制计数器在 $0000\sim1001$

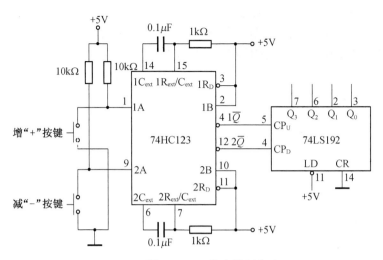

图 3.11.2　数字控制电路

之间计数,从而控制输出电压步进变化。

2) D/A 转换器电路

从可逆计数器输出步进变化到控制电压 U_{O2} 步进变化,需要一 D/A 转换器来完成,可用如图 3.11.3 所示电路实现。

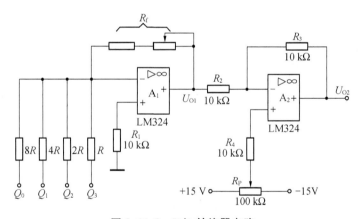

图 3.11.3　D/A 转换器电路

该电路由一个反相加法器和电压可上下偏移的反相器构成,输入信号接计数器的输出 Q_3、Q_2、Q_1、Q_0,设计数器输出高电平 $U_H \approx +5$ V,输出低电平 $U_L \approx 0$ V。由于运算放大器的虚短作用,根据反相加法器输入电流求和的特性,不难得出输出电压 U_{O1} 表达式:

$$U_{O1} = -R_f \left(\frac{U_H}{8R}Q_0 + \frac{U_H}{4R}Q_1 + \frac{U_H}{2R}Q_2 + \frac{U_H}{R}Q_3 \right)$$

$$= -\frac{R_f U_H}{2^3 R} (2^3 Q_3 + 2^2 Q_2 + 2^1 Q_1 + 2^0 Q_0)$$

要求当 $Q_3 Q_2 Q_1 Q_0$ 从 $0000 \sim 1001$ 之间变化时,对应 U_{O1} 在 $0 \sim -9$ V 之间变化,即当 $Q_3 Q_2 Q_1 Q_0 = 1001$ 时,对应 $U_{O1} = -9$ V,则: $-9 = -\dfrac{R_f U_H}{2^3 R} \times 9$,所以在 $U_H \approx +5$ V 时,R_f/R

$= 8/5$。选定 $R = 10 \text{ k}\Omega$，则 $R_{\text{f}} = 16 \text{ k}\Omega$。

调整 R_{P}，可使反相器的输出电压 U_{O2} 在 $-5 \sim 4 \text{ V}$ 之间变化，将此电压送到可调稳压电路，使稳压电源的输出电压以 1 V 步进值在 $0 \sim 9 \text{ V}$ 之间增或减。

3）可调稳压电路

为了满足稳压电源最大输出电流 500 mA 的要求，可调稳压电路选用三端集成稳压器 CW7805 组成，该稳压器的最大输出电流可达 500 mA，稳压系数、输出电阻、纹波大小等性能指标均能满足设计要求，电路如图 3.11.4 所示。

设运算放大器为理想器件，所以 $U_{\text{P}} \approx U_{\text{N}}$，又因为 $U_{\text{P}} = U_{\text{O2}}$，$U_{\text{N}} = U_{\text{O}} - 5$，故 $U_{\text{O}} = U_{\text{O2}} + 5$。由此可见，$U_{\text{O}}$ 与 U_{O2} 之间成线性关系，当 U_{O2} 变化时，输出电压也相应改变。因 U_{O2} 在 $-5 \sim 4 \text{ V}$ 之间步进增或减，故输出电压 U_{O} 可实现在 $0 \sim 9 \text{ V}$ 之间步进增或减。

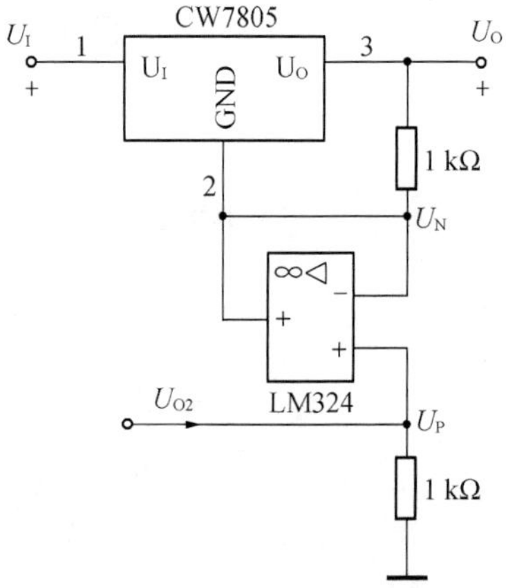

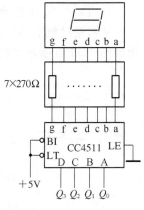

图 3.11.4　可调稳压电路

4）译码显示电路

译码器的作用是将计数器的计数结果进行二—十进制译码，并驱动数码管用十进制符号显示出来，电路如图 3.11.5 所示。

图中译码器选用 BCD 输入的 4 线—7 段锁存译码器/驱动器 CC4511，其输入端 A、B、C、D 分别接计数器输出端 Q_0、Q_1、Q_2、Q_3；输出端 $a \sim g$ 分别接数码显示器的七段 $a \sim g$。数码显示器选用七段共阴极半导体显示器 SM4205。译码器与显示器之间分别串入 7 个 $100 \sim 500 \Omega$ 限流电阻，以防止电流过大而烧坏数码管。

5）输入电源 U_{I} 产生电路

电路如图 3.11.6 所示，整流电路可选用桥式整流电路，滤波选用电容滤波。

图 3.11.5　译码、显示电路

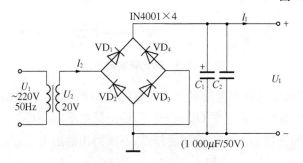

图 3.11.6　整流滤波电路

为了使稳压电源能够正常工作，整流滤波电路的输出电压 U_{I} 应满足下式：

$$U_{\text{I}} \geqslant U_{\text{Omax}} + (U_{\text{I}} - U_{\text{O}})_{\min} + U_{\text{RIP}} + \Delta U_{\text{I}}$$

式中：U_{Omax} 为稳压电源输出最大值；$(U_{\text{I}} - U_{\text{O}})_{\min}$ 为集成稳压器输入输出最小电压差；U_{RIP} 为滤波器输出电压的纹波电压值，一般取 U_{O} 与 $(U_{\text{I}} - U_{\text{O}})_{\min}$ 之和的 10%；ΔU_{I} 为电网波动引起的输入电压的变化，一般取 U_{O} 与 $(U_{\text{I}} - U_{\text{O}})_{\min}$ 及 U_{RIP} 之和的 10%。

对于集成三端稳压器，$(U_I - U_O)_{min} = 3$ V，故滤波电路输出电压值为：$U_I \geqslant 15 + 3 +$
$1.8 + 1.98 \geqslant 21.78$(V)，取 $U_I = 22$ V。由 U_I 可确定变压器次级电压 $U_2 = U_I/1.1 \approx 20$ V。

在桥式整流电路中，变压器次级电流与滤波器输出电流的关系为：$I_2 = (1.5 \sim 2)I_I \approx$
$(1.5 \sim 2)I_O = 1.5 \times 0.5 = 0.75$(A)。取变压器的效率 $\eta = 0.8$，则变压器的容量为 $P =$
$U_2 I_2/\eta = 20 \times 0.75/0.8 = 18.75$(W)。选择容量为 20 W 的变压器。

图中二极管选择 IN4001，滤波电容选用 $1\,000\ \mu F/50$ V 的电解电容，C_2 的作用是为了滤
除高频干扰和改善电源的动态特性，可选用 $0.01 \sim 0.1\ \mu F$ 的高频瓷片电容。

6）辅助电源电路

要完成 D/A 转换器电路及可调稳压电路的正常工作，运算放大器 LM324 必须要求正、
负双电源供电。可选择由 CW7815、CW7915、CW7805 集成三端稳压器组成的电源，以实现
± 15 V 及数字电路要求的 $+5$ V 电源，电路如图 3.11.7 所示。

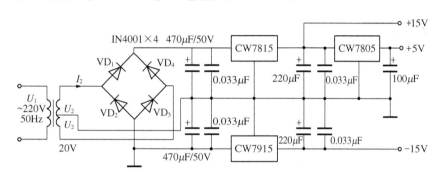

图 3.11.7　辅助电源电路

3.11.3　调试要点

1）数字控制电路

按图 3.11.2 接线，$Q_3 Q_2 Q_1 Q_0$ 接发光二极管，分别按动"＋"、"－"键，观察计数器的状态变化。

2）D/A 转换器电路

按图 3.11.3 接线，将计数器 74HC192 的输出端 Q_3、Q_2、Q_1、Q_0 接至 D/A 转换电路。在
$Q_3 Q_2 Q_1 Q_0 = 1001$ 时，调节 R_f 使 $U_{O1} = -9$ V；调节 R_P 使 $U_{O2} = -5$ V。

3）可调稳压电路

按图 3.11.4 接线，输入 U_I 接 22 V 直流电压，从 U_{O2} 接入 $-5 \sim 4$ V 电压，观察稳压电
源输出 U_O 是否从 $0 \sim 9$ V 变化。

4）译码显示电路

按图 3.11.5 接线，将 4511 的 D、B、C、A 接数据开关，当 DBCA 在 $0000 \sim 1001$ 之间变
化时，观察数码管是否能显示 $0 \sim 9$。

5）辅助电源电路

安装辅助电源电路时，尤其要注意电解电容的极性，注意三端稳压器的各端子的功能及
电路的连接。检查正确无误后，加入交流电源，用数字万用表测量各输出端直流电压值。

上述各部分电路调正常后，将整个系统连接起来进行统调。

3.11.4　设计要求

（1）划分各单元电路的功能，并进行单元电路设计，画出逻辑图。
（2）确定简易数控直流稳压电源的总体设计方案，画出总逻辑图。
（3）选择元器件型号，确定元器件的参数。
（4）画出装配图，并在面包板上组装电路。
（5）自拟调整测试方法步骤，并进行电路调试，使其达到设计要求。
（6）写出设计报告。

3.12（课程设计 12）　交通灯定时控制系统

随着社会的发展，城市变得越来越拥挤，城市的交通便成了一个重要问题，但现在这一问题已基本上得到解决。因为每一个十字路口都有一位"指挥专家"，即我们所看到的红、绿灯，专业术语称之交通信号灯。交通信号灯其实并不复杂，利用我们所学知识也能够设计出来，它主要由一个十字路口交通信号灯控制器来工作。

3.12.1　设计任务和指标

十字路口交通信号设置示意图如图 3.12.1 所示。各路口均设红、绿、黄三色信号灯，任何时刻各路口中三色灯中只能有一个亮，绿灯亮允许通行，红灯亮禁止通行，黄灯亮时用以等待十字路口滞留车辆通过，为另一路口放行做准备，各路口均设二位数码管，显示放行支路的通行时间和黄灯亮的时间，各路口数码管显示数字相同。

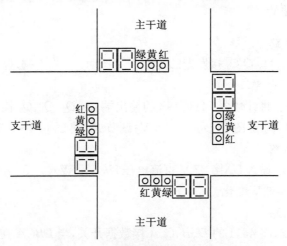

图 3.12.1　十字路口交通信号设置示意图

设计任务及指标如下：
（1）主、支干道交替通行，通行时间均可在 0～99 秒内任意设定；
（2）当某干道绿灯转黄灯时，另一干道红灯按 1 Hz 频率闪烁；
（3）主、支干道黄灯亮的时间相同，均在 0～99 秒内设定；
（4）主、支干道通行时间，与黄灯亮的时间均由同一计数器以秒为单位作减计数；

（5）在减计数回 0 瞬间,完成十字路口通行状态的转换;

（6）计数器的状态由发光二极管数码管显示;

（7）红、绿、黄三色信号灯由发光二极管模拟。

3.12.2　设计原理和参考电路

1) 系统工作流程

系统工作流程图如图 3.12.2 所示。设主干道通行时间为 M_1(秒),支干道通行时间为 M_2(秒),主、支干道黄灯亮的时间均为 M_3(秒),一般设置为 $M_1 > M_2 > M_3$。

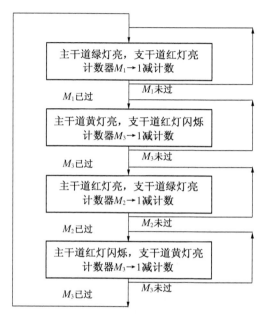

图 3.12.2　系统工作流程

2) 系统硬件结构(见图 3.12.3)

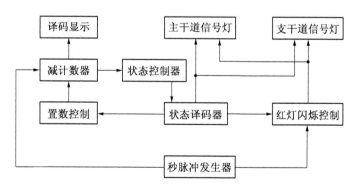

图 3.12.3　系统硬件结构方框图

3) 系统工作原理

状态控制器主要用于记录十字路口交通灯四个不同的工作状态,通过状态译码器分别点亮相应状态下的信号灯,秒脉冲发生器产生系统的时基信号秒脉冲,通过减计数器对秒脉冲计数来控制系统每一种状态的持续时间,减计数器的回零脉冲使状态控制器完成状态转换;同时,状态译码器根据系统下一个工作状态决定计数器下一次减计数的初始值;减计数器的状态由译码器译码,数码显示;在黄灯亮期间,状态译码器将秒脉冲引入红灯控制电路,使红灯闪烁;系统主、支干道通行时间及黄灯亮的时间均可由数码拨盘预置。

4)系统单元电路设计

(1)状态控制器

把信号灯四种不同状态分别用 S0(主干道绿灯亮,支干道红灯亮)、S1(主干道黄灯亮,支干道红灯闪烁)、S2(主干道红灯亮,支干道绿灯亮)、S3(主干道红灯闪烁,支干道黄灯亮)表示,状态转换图如图 3.12.4。

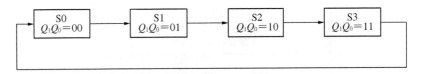

图 3.12.4　交通灯状态转换

交通灯状态转换图是一个 2 位二进制计数器,可采用中规模集成计数器 74LS191 的最低 2 位输出构成状态控制器,如图 3.12.5 示。

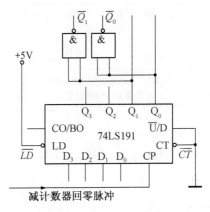

图 3.12.5　状态控制器电路

(2)状态译码器

状态译码器将状态控制器输出信号译码后驱动相应信号灯,信号真值表如表3.12.1 所示。

表 3.12.1　信号真值表

状态控制器输出		主干道信号灯			支干道信号灯		
Q_1	Q_0	R(红)	Y(黄)	G(绿)	r(红)	y(黄)	g(绿)
0	0	0	0	1	1	0	0
0	1	0	1	0	1	0	0
1	0	1	0	0	0	0	1
1	1	1	0	0	0	1	0

根据真值表,写出各信号灯逻辑函数表达式(要求译码输出低电平有效)。

$$R = Q_1\overline{Q_0} + Q_1Q_0 = Q_1 \qquad Y = \overline{Q_1}Q_0 \qquad G = \overline{Q_1}\,\overline{Q_0}$$

$$\overline{R} = \overline{Q_1} \qquad\qquad \overline{Y} = \overline{\overline{Q_1}Q_0} \qquad \overline{G} = \overline{\overline{Q_1}\,\overline{Q_0}}$$

$$r = \overline{Q_1}\,\overline{Q_0} + \overline{Q_1}Q_0 = \overline{Q_1} \qquad y = Q_1Q_0 \qquad g = Q_1\overline{Q_0}$$

$$\overline{r} = \overline{\overline{Q_1}} \qquad\qquad \overline{y} = \overline{Q_1Q_0} \qquad \overline{g} = \overline{Q_1\overline{Q_0}}$$

状态译码器电路如图 3.12.6 所示,因为主、支干道黄灯亮时 Q_0 均为 1($\overline{Q_0}$ 为 0),故利用 $\overline{Q_0}=0$ 打开三态门,将秒脉冲引入驱动红灯的与非门,使红灯在黄灯亮期间闪烁。

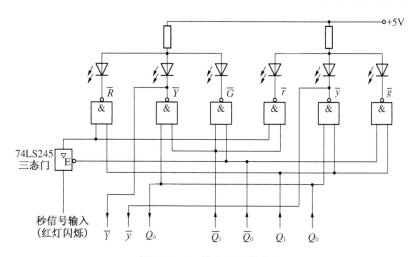

图 3.12.6　状态译码器电路

（3）减计数器

用 2 片 74LS190 构成 2 位十进制可预置数的减计数器,用 3 片 8 路三态缓冲门 74LS245 实现计数器分时置数控制,选取状态译码器的输出 $\overline{Y}$、$\overline{y}$、Q_0 分别作 3 片 74LS245 的选通信号,3 片 74LS245 输入端分别接入 2 位 8421BCD 码数码拨盘,用来分别设定主支干道的通行时间与黄灯亮的时间。当计数器减计数回零瞬间,状态控制器翻转为下一个新状态,状态译码器完成换灯时同时选通下 1 片 74LS245,计数器置入新的定时值,开始新状态下的减计数。时间状态可由译码器和 LED 数码管对减计数器进行译码显示。所设计的减计数器电路如图 3.12.7 所示。

（4）秒脉冲发生器

利用 555 定时器组成的秒脉冲信号发生器如图 3.12.8 所示。该电路输出脉冲的周期 $T = 0.7(R_1 + 2R_2)C$,若 $T = 1\,\mathrm{s}$,可令 $C = 10\,\mu\mathrm{F}$,$R_1 = 39\,\mathrm{k\Omega}$,取一个固定电阻 47 kΩ 与一个 5 kΩ 的电位器相串联代替电阻 R_2,通过调节电位器 R_P 可使输出脉冲周期为 1 s。

3.12.3　调试要点

本设计电路在进行整体电路连接之前,应对各部分进行逐一安装与调试。

1）状态控制器电路

参照图 3.12.5 连接电路,将实验箱上 1 Hz 连续脉冲接至计数器 CP 端,输出端 Q_1、Q_0 接指示灯,通过观察指示灯显示情况验证信号灯状态的变化。

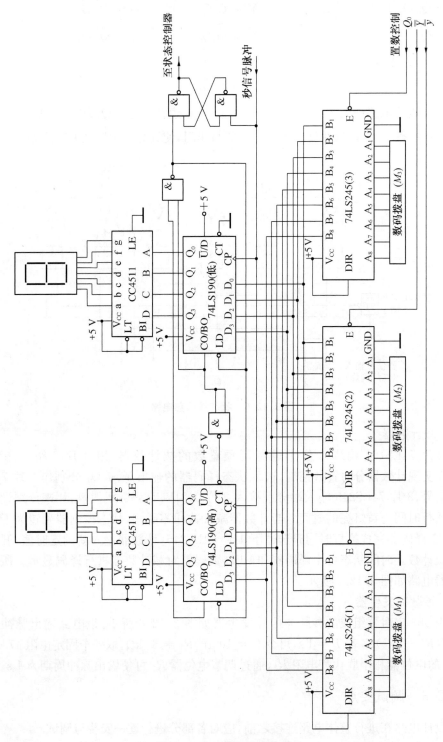

图 3.12.7　减计数器电路

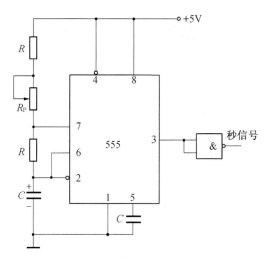

图 3.12.8 555 定时器组成的秒脉冲信号发生器电路

2）状态译码器电路

参照图 3.12.6 连接电路,可利用实验箱上数据开关控制 Q_1、Q_0 及 $\overline{Q_1}$、$\overline{Q_0}$ 来模拟状态控制器的输出状态,秒信号可利用实验箱 1 Hz 连续脉冲实现,观察指示灯显示情况,从而验证状态译码器能否正常工作。

3）减计数器电路

减计数器可参照图 3.12.7 连接,本设计利用数码拨盘和三态门来预置主支干道通行时间和黄灯亮的时间,调试时可先假定主干道通行为 30 秒,支干道通行为 20 秒,黄灯亮的时间为 5 秒,由此可利用数据开关分别将 3 片 74LS245 的输入端 $A_8 \sim A_1$ 置为"0、0、1、1、0、0、0、0"(1)、"0、0、1、0、0、0、0、0"(2)、"0、0、0、0、0、1、0、1"(3),且分别使其使能端 y、$\overline{Y}$、Q_0 置为 0,观察译码显示能否分别实现 30、20、5 的减计数。

4）秒信号发生器

参照图 3.12.8 用 555 定时器构成秒信号发生器,将输出接指示灯,观察指示灯显示情况,判断是否产生秒脉冲信号。

3.12.4 设计要求

（1）确定交通灯定时控制系统的总体设计方案,画出总方框图。

（2）进行单元电路设计,并说明电路工作原理,画出逻辑图。

（3）选择元器件型号,确定元器件的参数。

（4）画出总逻辑图和装配图,并在面包板上组装电路。

（5）自拟调整测试方法步骤,并进行电路调试,使其达到设计要求。

（6）写出设计报告。

3.13（课程设计 13）　数字电容测试仪

3.13.1　设计任务和指标

设计一台数字电容测试仪，具体指标如下：
（1）测试范围 $1\sim999\ \mu F$。
（2）测量时间不大于 2 秒。

3.13.2　设计原理和参考电路

1）原理方框图

数字电容测试仪是用来测量电容大小且以数字显示的装置，其原理方框图如图 3.13.1 所示。它主要由时钟脉冲产生电路、单稳态触发器、计数器、译码器、显示器等部分组成。

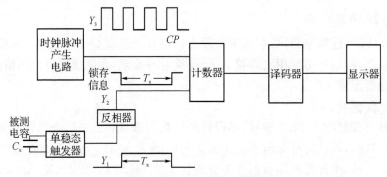

图 3.13.1　整体设计框图

本设计利用 555 定时器构成单稳态触发器作为转换电路，把被测电容 C_x 的大小转换成脉冲信号 Y_1 的宽度 T_x，单稳态触发器的输出脉冲信号宽度 $T_x=1.1RC_x$（参考本书 2.9 实验 9，555 定时器及其应用中有关内容），只要电阻 R 的数值固定，那么 C_x 的大小就正比于 T_x。时钟脉冲产生电路的作用就是产生频率固定的时钟脉冲 Y_3，时钟脉冲送至计数器，而将单稳态触发器的输出脉冲信号 Y_1 经反相器得到信号 Y_2 作为控制信号（低电平有效），使计数器只在 T_x 这段时间内进行计数，并经译码显示电路显示出电容的大小。被测电容越大，T_x 就越大，经计数的时钟脉冲个数就越多。

2）555 单稳态触发器

由 NE555 所构成的单稳态触发电路如图 3.13.2 所示。电路的输入端接至一负脉冲开关，只要按一下开关，输入一个负脉冲，在电路的输出端就能得到一个正脉冲 Y_1，其脉冲宽度为 T_x。由于设计要求，被测电容 C_x 的变化范围为 $1\sim999\ \mu F$，且测量时间不大于 2 秒，也就是 $C_x=999\ \mu F$ 时，$T_x\leqslant2$ 秒。

根据 $T_x=1.1RC_x$ 可求得：

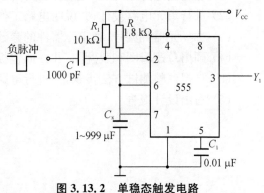

图 3.13.2　单稳态触发电路

$$R = T_x/(1.1C_x) = 2/(1.1 \times 999 \times 10^{-6}) = 1\,820\ \Omega$$

3）时钟脉冲产生电路

时钟脉冲产生电路是由 NE555 定时器组成的多谐振荡器，具体电路如图 3.13.3 所示。电路接通后在输出端 3 脚产生了连续的时钟脉冲 Y_3，其周期 $T = 0.7(R_3 + 2R_2)C_2$。

由于当 $C_x = 999\ \mu\mathrm{F}$ 时，$T_x = 2\ \mathrm{s}$。

也即是在 2 s 内经计数的时钟脉冲个数为 999。因此时钟脉冲的频率应为：

$$f = \frac{999}{2} = 500\ \mathrm{Hz}$$

周期为：

$$T = \frac{1}{f} = \frac{1}{500} = 2\ \mathrm{ms}$$

电路中 R_2、R_3、C_2 的数值选择应满足 $T = 2\ \mathrm{ms}$ 的要求。

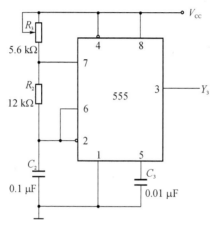

图 3.13.3　时钟脉冲产生电路

4）计数译码显示电路

一位计数译码显示电路如图 3.13.4 所示。计数器选择 CC4518，双二——十进制计数器。CC4518 的 CR 端是清零端，高电平有效。时钟脉冲 Y_3 接在 EN 端，下降沿触发方式，只有在 CR 端为低电平时，计数器才能计数。因此将 Y_2 接至 CR 端，在 Y_2 为低电平的 T_x 这段时间内，计数器才对时钟脉冲进行计数，当 Y_2 变为高电平，则清除前面的测量。

译码器采用 CC4511 七段锁存/译码/驱动器，其输入端为 8421BCD 码，其输出为 a、b、c、d、e、f、g，高电平有效驱动共阴极数码管 SM4205，实现数字显示。

CC4511 的 LE 端为锁定输入端，高电平有效，因此将 Y_2 接到 LE 端，以保证测量结束后，显示的测量结果不再改变。

计数译码显示的整体电路如图 3.13.5 所示。

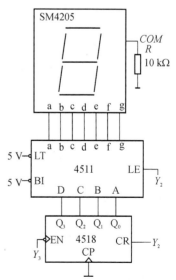

图 3.13.4　计数译码显示电路

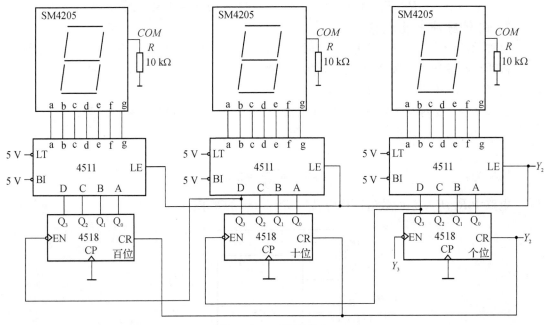

图 3.13.5 整体电路

3.13.3 调试要点

1) NE555 时钟脉冲产生电路

按图 3.13.3 连接,在 3 脚接数字示波器,用 CH_1 通道观察波形,调节电位器观看频率是否可变,判断多谐振荡器是否能工作。

2) NE555 单稳态触发电路

按图 3.13.2 连接电路,在 2 脚接按键,3 脚接数字示波器 CH_2 通道,当按键按下瞬间,观察是否有单脉冲产生。

3) 计数译码显示电路

按图 3.13.4 连接电路,将 EN 端接入由函数信号发生器提供的 500 Hz 方波,CR 端接负脉冲开关,按住负脉冲开关,观察数码管是否能显示数字,改变 EN 端接入的频率,观察数字是否可以改变。

4) 整体测试

变换电容的值,先取 100 μF 的电容调整,误差在可控范围之内时,插入其他电容进行测量。

3.13.4 设计要求

(1) 确定数字电容测试仪的总体设计方案,画出总框图。

(2) 划分各个部分的功能,并进行单元电路的设计,画出逻辑图。

(3) 选择元器件型号,确定元器件的参数。

(4) 画出总逻辑图和装配图,在面包板上组装电路。

(5) 自拟调整测试方案步骤,并进行电路调试,使其达到设计要求。

(6) 写出设计报告。

3.14（课程设计 14）　家用电风扇控制逻辑电路设计

以前的电风扇都是采用机械控制,主要控制风速和风向。随着电子技术的发展,目前的家用电风扇大多采用电子控制电路取代原来的机械控制器,使电风扇功能更强,操作也更为简便。

3.14.1　设计任务和指标

电风扇操作面板示意图如图 3.14.1 所示。

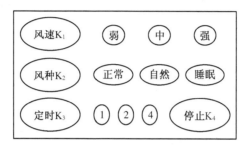

图 3.14.1　电风扇操作面板示意图

面板上有 9 个指示灯,分别指示三种风速:弱、中、强;三个风种:正常、自然、睡眠;三个定时:1 小时、2 小时、4 小时。

面板上还有 4 个按钮:K_1、K_2、K_3、K_4 分别控制风速、风种、定时和停止。

风速的弱、中、强对应电风扇转速慢、中、快;风种"正常"指电风扇连续运转;"自然"指电风扇工作方式为运转 4 秒,间断 4 秒,从而模拟产生自然风;"睡眠"指电风扇运转 8 秒,间断8 秒,产生轻柔的微风。

电风扇的所有操作转换过程如图 3.14.2 所示。

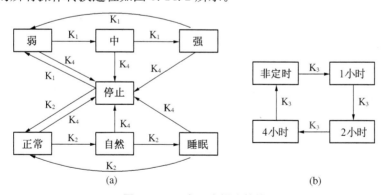

图 3.14.2　电风扇操作转换

用中规模数字集成电路实现电风扇控制器的控制功能,用 4 个按键分别实现"风速"、"风种"、"定时"、"停止"四种操作功能。具体任务要求如下:

（1）用 9 个发光二极管分别指示"风速"和"风种"的六种状态和三种定时状态。

（2）电风扇在停转状态时,所有指示灯不亮,只有按"风速"键才能启动电风扇,按其余键不能启动;其初始工作状态为"风速"处于弱挡,"风种"处于"正常"位置,且相应指示灯亮,定时器处于非定时状态,即电风扇处于长时间连续运转状态。

（3）电风扇启动后,按"风速"键可循环选择弱、中、强三种状态;按"风种"键可循环选择正常、自然、睡眠三种状态;按"定时"键可循环选择非定时或定时 1 小时、2 小时、4 小时的工作状态。

（4）在电风扇任意工作状态下,按"停止"键,电风扇停止工作,所有指示灯灭。

3.14.2　设计原理

1）状态锁存器

"风速"、"风种"这两种操作各有三个工作状态和一种停止状态需要保存和指示,因而对于每种状态操作都可采用 3 个触发器来锁存状态,触发器输出 1,表示工作状态有效,0 表示无效,当 3 个输出全零时,则表示停止状态。为简化设计,可考虑带有直接清零端的触发器,从而将"停止"键与清零端相连,可实现停止的功能。

简化后的状态转换图如图 3.14.3 所示,图中横线下数字为 3 个触发器 Q_2、Q_1、Q_0 的状态。

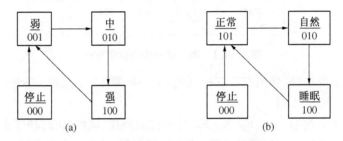

图 3.14.3　风速、风种简化操作的状态转换图

根据图 3.14.3 状态转换图,利用卡诺图化简后,可得到用于控制"风速"和"风种"的输出信号逻辑表达式:

$$Q_0^{n+1} = \overline{Q_1^n}\ \overline{Q_0^n}$$
$$Q_1^{n+1} = Q_0^n$$
$$Q_2^{n+1} = Q_1^n$$

定时器工作于非定时、定时 1 小时、2 小时、4 小时这 4 种状态,也可采用 3 个触发器锁存这四种状态,其状态转换图如图 3.14.4 所示。3 个触发器输出的逻辑表达式为:

$$Q_0^{n+1} = \overline{Q_2^n}\ \overline{Q_1^n}\ \overline{Q_0^n}$$
$$Q_1^{n+1} = Q_0^n$$
$$Q_2^{n+1} = Q_1^n$$

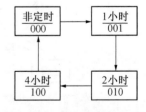

图 3.14.4　定时器状态转换图

2）触发脉冲的形成

根据前面逻辑表达式,可利用触发器构成"风速"、"风种"和"定时"状态的锁存电路,但这三部分锁存电路的输出信号状态的变化还有赖于各自的触发脉冲。

在"风速"状态的锁存电路中,可利用"风速"按键（K_1）所产生的脉冲信号作为 D 触发器的触发脉冲。

在"定时"状态的锁存电路中,可利用"定时"按键（K_3）所产生的脉冲信号作为 D 触发器的触发脉冲。

"风种"状态锁存器的触发脉冲 CP 则应由"风速"(K_1)、"风种"(K_2)按键的信号和电风扇工作状态信号(设 ST 为电风扇工作状态,$ST=0$ 为停,$ST=1$ 为运转)三者组合而成。当电风扇处于停止状态($ST=0$)时,按 K_2 键无效,CP 保持低电平;只有按 K_1 键后,CP 信号才变成高电平,电风扇也同时进入运转状态($ST=1$),进入运转状态后,CP 信号不再受 K_1 键控制,而由 K_2 键控制,由此引出 CP 信号真值表如表3.14.1所示,并可得到其输出逻辑表达式:

$$CP = K_1 \overline{ST} + K_2 ST$$

表 3.14.1　CP 信号真值表

K_2	K_1	ST	CP
0	0	0	0
0	0	1	0
0	1	0	1
0	1	1	0
1	0	0	0
1	0	1	1
1	1	0	1
1	1	1	1

电风扇工作状态 ST 与"风速"状态锁存器输出的三个信号的关系如表3.14.2所示,当 Q_2、Q_1、Q_0 为全零时,电风扇停转,$ST=0$;否则电风扇运转于弱、中、强任一状态,即 $ST=1$。可得 ST 信号逻辑表达式:

$$ST = Q_0 + Q_1 + Q_2$$

或

$$ST = \overline{\overline{Q_0}\ \overline{Q_1}\ \overline{Q_2}}$$

表 3.14.2　ST 信号真值表

Q_2(强)	Q_1(中)	Q_0(弱)	ST
0	0	0	0
0	0	1	1
0	1	0	1
1	0	0	1
......			其余未使用

最终可得出"风种"状态锁存器的触发脉冲 CP 的逻辑表达式:

$$CP = K_1 \overline{Q_0}\ \overline{Q_1}\ \overline{Q_2} + K_2 \overline{\overline{Q_0}\ \overline{Q_1}\ \overline{Q_2}}$$

3) 电机运转控制端

电风扇电机的转速通常是通过电压来控制的,本设计中要求弱、中、强三种转速,因而电路中需要考虑三个控制输出端(弱、中、强),以控制外部强电线路(如可控硅触发电路)。这三个输出端与电风扇转速状态的三个端子不同,除了要控制电机分别按弱、中、强三种转速运转外,还必须能够控制电机连续运转或间断运转,以与"风种"的不同选择方式相对应。如果用 1 表示某挡速度的选通,用 0 表示某挡速度的关断,那么"风种"信号的输入就使得某挡电机速度被连续或间断地选中,例如"风种"选择"自然","风速"选择"弱"时,电机将运作在慢速并开 4 s 关 4 s,表现在电机运转控制端"弱"上,即出现间断的 1 和 0 状态(交替出现的

4 秒的 1 状态和 4 秒的 0 状态)。

3.14.3　参考电路

电风扇"风速"(K$_1$)、"风种"(K$_2$)控制逻辑电路及电风扇"定时"(K$_3$)参考电路分别如图 3.14.5、图 3.14.6 所示。(图中按键 K$_1$、K$_2$、K$_3$ 平时为低电平,实验时可采用实验箱中单次脉冲按键)

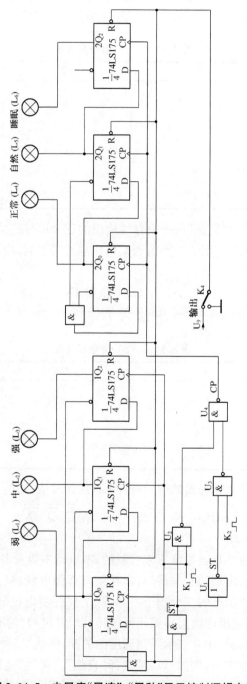

图 3.14.5　电风扇"风速"、"风种"显示控制逻辑电路

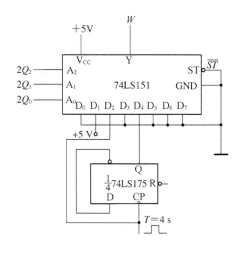

图 3.14.6　电风扇"风种"控制逻辑电路

1）状态锁存电路

"风速"、"风种"两组状态锁存电路各用一片 4D 触发器 74LS175 构成，每片中的 3 只 D 触发器的输出端分别与 3 个指示灯相连；每片 74LS175 的清零端(R)均与停止键(K_4)相连，利用 K_4 按下时产生的低电平信号将所有的触发器清零，从而实现电风扇停转。

2）触发脉冲电路

键 K_1 按动后形成的脉冲信号作为"风速"状态锁存电路的触发信号。

键 K_1、K_2 及部分门电路构成了"风种"状态锁存电路的触发信号 CP。电风扇停转时，$ST = 0$，$K_1 = 0$，故图中与非门 U_2 输出为高电平，U_3 输出也为高电平，因而 U_4 输出的 CP 信号为低电平。当按下 K_1 键后，U_2 输出低电平，而使 U_4 输出的 CP 信号变为高电平，并使 D 触发器动作，"风种"处于"正常"状态，同时，由于 K_1 键输出上升沿信号，也使"风速"电路的触发器输出为"弱"状态，电风扇开始运转，$ST = 1$。电风扇运转后，U_2 输出始终为高电平，这样使"风种"状态锁存电路的触发信号 CP 与 K_2 的状态相同。每次按下 K_2 并释放后，CP 信号就会产生一个上升沿使"风种"状态发生变化。

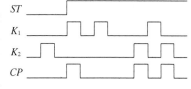

图 3.14.7　CP 波形

工作过程中，CP 波形图如图 3.14.7 所示。

3）"风种"控制电路

在"风种"的三种选择方式中，在"正常"位置时，电风扇为连续运行方式，在"自然"和"睡眠"位置时，为间断运行方式。参考电路中，采用 74LS151(8 选 1 数据选择器)作为"风种"方式控制器，有 74LS175 的三个输出信号选通 71LS151 的一种方式。间断工作时，电路中用了一个 4 秒周期的时钟信号作为"自然"方式的间断控制；二分频后再作为"睡眠"方式的控制输入。如图 3.14.8 所示。

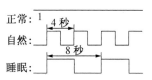

图 3.14.8　"风种"三种工作方式波形

4）定时控制电路

电风扇"定时"参考电路如图 3.14.9 所示。定时器的状态锁存电路用一块 4D 触发器 74LS175 构成,其中 3 只触发器的输出端 Q_0、Q_1、Q_2 通过控制与非门 U_6、U_7、U_8,分别选通可重复触发单稳态触发器(74LS123)DW_1、DW_2、DW_3 产生的 1 h、2 h、4 h 定时信号,当 Q_0、Q_1、Q_2 全为 0 时,与非门 U_9 输出高电平,使电机处于非定时运转状态。当 Q_0 输出为高电平时,利用其上升沿信号触发单稳态触发器 DW_1 进入暂稳态,并通过与非门 U_6、U_9 输出,控制电机进入 1 小时的运行状态;同样,Q_1 或 Q_2 输出高电平后,将选通 2 小时或 4 小时的定时信号。定时器工作波形如图 3.14.10 所示。由图中可知,每种定时时间到达后,电机都会自动停止运转。

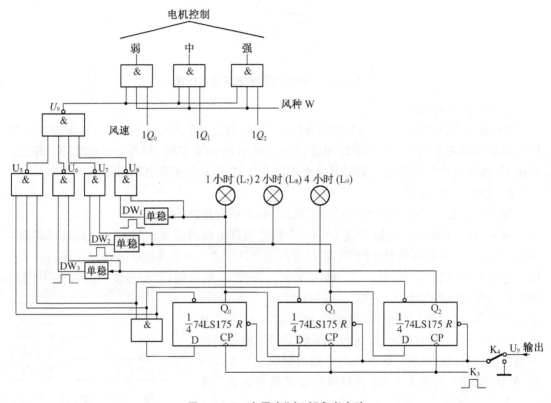

图 3.14.9　电风扇"定时"参考电路

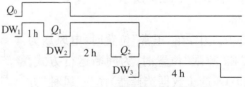

图 3.14.10　定时器工作波形

3.14.4　调试要点

本设计在进行整体电路连接之前,应对各部分的电路进行逐一安装与调试。

1) 状态锁存器电路

(1) 按图 3.14.5 连接,按下 K_1 键,观察指示灯 L_1~L_6 亮暗,判断电风扇是否工作及工作状态;再分别按 K_1、K_2 键,通过观察指示灯亮暗,判断电风扇运转状态能否改变;按下 K_4 键,观察指示灯亮暗,验证电风扇是否停转;风扇停转状态下按下 K_2 键,观察指示灯亮暗,验证电风扇是否工作。

(2) "风种"的三种选择方式,"正常"为电风扇连续运转,"自然"、"睡眠"为间断运行方式,参照图 3.14.6 连接电路,可利用实验箱 1 024 Hz 连续脉冲送至 D 触发器 CP 端,用示波器观察数据选择器 74LS151 输出 W 的波形,在按下 K_2 键选择不同"风种"类型时,应能分别观察到直流电压波形("正常"位置,电风扇连续运转)、1 024 Hz 脉冲波形("自然"间断运行方式)、1 024 Hz 脉冲二分频后的波形("睡眠"间断运行方式)。

2) 定时控制电路

按图 3.14.9 连接电路,将 D 触发器输出 Q_0、Q_1、Q_2 及 U_9 输出接指示灯,DW_1、DW_2、DW_3 由数据开关替代。初始状态下,Q_0、Q_1、Q_2 全零,指示灯全亮。将 DW_1 数据开关置高电平,按下 K_3 键,此时 Q_0 与 U_9 输出所接指示灯亮,其余灯灭;再将 DW_1 数据开关置低电平,此时指示灯全灭,此过程相当于定时 1 小时。同样方法可检查定时 2 小时,4 小时的情况。

3.14.5 设计要求

(1) 确定电风扇控制逻辑电路的总体设计方案,画出总方框图。

(2) 划分各单元电路的功能,并进行单元电路设计,画出逻辑图。

(3) 选择元器件型号,确定元器件的参数。

(4) 画出总逻辑图和装配图,并在面包板上组装电路。

(5) 自拟调整测试方法步骤,并进行电路调试,使其达到设计要求。

(6) 写出设计报告。

3.15(课程设计 15) 电子密码锁

随着人们生活水平的提高,如何实现家庭防盗这一问题也变的尤其突出,传统的机械锁,由于其构造简单,被撬事件屡见不鲜,电子锁由于其保密性高,使用灵活性好,安全系数高,受到了广大用户的青睐。电子锁不仅可以完成锁本身的功能,还可以兼有多种功能,如记忆、识别、报警、兼做门铃等等。作为密码类电子锁,还不需要带钥匙,只要记住开锁密码即可。如果密码失密,主人还可以随时变换密码,不会造成不应该的损失。

3.15.1 设计任务和指标

设计一个电子密码锁,具体指标如下:

(1) 密码为 8 位二进制代码,开锁指令为串行输入码。

(2) 当开锁输入码与密码一致时,锁被打开。

(3) 当开锁输入码与密码不一致时,则报警;报警动作响一分钟,停 10 秒钟后再重复出现。

3.15.2　设计原理和参考电路

电子锁原理框图如图 3.15.1 所示，主要由密码输入电路、比较电路、密码存储电路、秒脉冲发生器、报警时间控制电路以及报警电路组成。

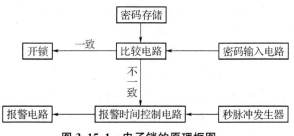

图 3.15.1　电子锁的原理框图

锁体一般由电磁线圈、锁拴、弹簧和锁框等组成。当有开锁信号时，电磁线圈有电流通过，于是线圈便产生磁场吸住锁拴，锁便打开。当无开锁信号时，线圈无电流通过，锁拴被弹入锁框，门被锁上。为教学方便，我们用发光二极管代替锁体，亮为开锁，灭为上锁。密码存储可用高低电平开关设置，也可以采用时序电路存储。当开锁信号串行输入时，一定做到输入 8 位代码后才出现比较结果，一致时则开锁，不一致时则报警。

1）密码输入电路

根据要求，开锁指令为串行输入码，可选择芯片 74194，而电子锁的密码为 8 位二进制代码，所以需要两片 74194 级联。具体电路如图 3.15.2 所示，这是一个由八个单刀双掷开关 $S_0 \sim S_7$ 组成的密码输入电路。当 $\overline{CR} = 1$，CP 端给一个上开沿的单脉冲，则输出端与输入端一致，保证了密码的输入。

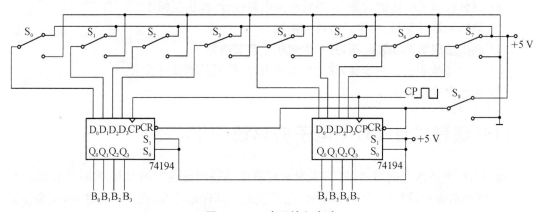

图 3.15.2　密码输入电路

2）密码存储与比较电路

输入密码后，与存储的密码相比较。可选择四位数值比较器 74LS85 级联，作为密码的设置与修改电路，也就是密码存储与比较电路。具体电路如图 3.15.3 所示，由八个单刀双掷开关 $K_0 \sim K_7$ 实现密码的存储，$A_0 \sim A_7$ 作为存储密码，$B_0 \sim B_7$ 作为密码的输入，两者进行比较，若密码一致，则灯亮。若密码不一致，即 $A > B$ 或 $A < B$ 时，控制信号 Y_1 输出低电平，作为图 3.15.5 报警器时间控制电路的输入信号，使计数器开始工作，从而启动报警。

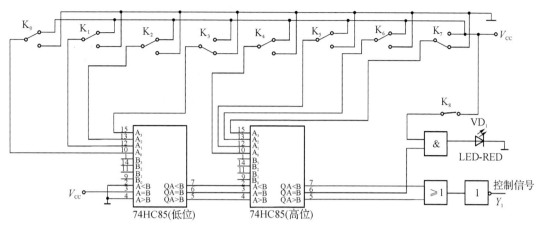

图 3.15.3　密码存储与比较电路

3）秒脉冲发生器

可采用振荡频率为 32 768 Hz 的石英晶体振荡器,将其输出进行 15 级二分频可获得秒脉冲,其电路如图 3.15.4 所示。图中 CC4060 是一个 14 位二进制计数器,其内部有 14 级二分频器,有两个反相器,$\overline{CP_1}$、$\overline{CP_0}$ 分别为时钟输入、输出端,Q_{14} 输出的是 14 级二分频后的脉冲。故需在其后再加一级二分频器,一般可采用 D 触发器完成,如 CC4013、74HC74 等,图 3.15.4 中采用的是 CC4013。

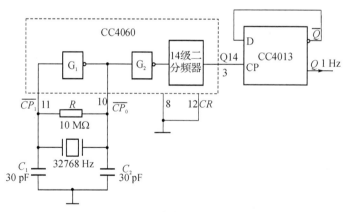

图 3.15.4　秒脉冲发生器电路

4）报警器时间控制电路

通过计数器来控制报警器的时间,具体电路如图 3.15.5 所示。图中计数器构成一个七十进制电路,时钟信号 CP 由秒脉冲发生器提供,如密码输入错误,则比较电路来的控制信号 Y_1 为低电平,计数器启动。0～59 秒内,输出 Y_2 为低电平;60～69 秒内输出 Y_2 为高电平,如此重复。蜂鸣器则响 60 秒,停 10 秒,并重复循环。

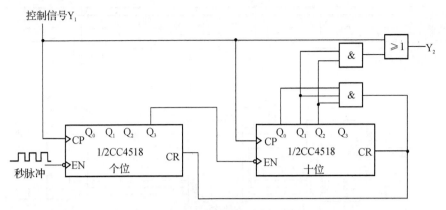

图 3.15.5　报警器时间控制电路

5）报警电路

报警电路由蜂鸣器构成,具体电路如图 3.15.6 所示。报警时间控制电路中的输出 Y_2 接至报警电路的输入端,当密码不一致时,会有一个低电平信号使得计数器启动,Y_2 控制蜂鸣器发出鸣叫 60 秒,停 10 秒,并重复不止。

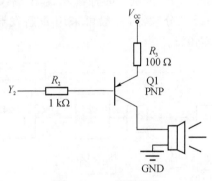

图 3.15.6　报警电路

3.15.3　调试要点

本设计在进行整体电路连接之前,应对各个部分的电路逐一进行安装与调试。

1）密码输入电路

按图 3.15.2 连接,在 CP 端给他一个上开沿脉冲信号,并在各输出端接一个发光二极管,改变单刀双掷开关,观察发光二极管的亮灭是否与单刀双掷开关所指向的地或者电源一致。

2）存储电路与比较电路

按图 3.15.3 连接,将数值比较器的不相等 $Q_{A>B}$ 或 $Q_{A<B}$ 端用一个或门连接,再将输出端经过一个非门,此时输出低电平,将报警电路与之相连。若密码一致,图中的发光二极管亮,蜂鸣器不发出声音;若密码不一致,发光二极管熄灭,蜂鸣器发出鸣叫。

3）秒信号电路

按图 3.15.4 连接,输出端 Q 连一个发光二极管,一旦连接电路,观察发光二极管是否会间隔 1 秒闪烁一次。

3.15.4　设计要求

（1）确定电子锁的总体设计方案，画出总框图。

（2）划分各个部分的功能，并进行单元电路的设计，画出逻辑图。

（3）选择元器件型号，确定元器件的参数。

（4）画出总逻辑图和装配图，在面包板上组装电路。

（5）自拟调整测试方案步骤，并进行电路调试，使其达到设计要求。

（6）写出设计报告。

3.16（课程设计16）　数字式多用表

3.16.1　设计任务和指标

设计一个数字式多用表，具体设计任务和指标如下所示：

（1）多量程直流电压表：设计一个电阻网络，使电压能适应多种电压测量的需要。测量范围分别为 $0 \sim 2$ V、$0 \sim 20$ V、$0 \sim 200$ V；内阻为 10 MΩ。

（2）多量程直流电流表：测量范围分别为 $0 \sim 2$ mA、$0 \sim 20$ mA、$0 \sim 200$ mA；内阻不大于 1 kΩ。

（3）欧姆表：利用电阻和运算放大器设计一个欧姆表，测量范围分别为 $0 \sim 2$ kΩ、$0 \sim 20$ kΩ、$0 \sim 200$ kΩ。

（4）交流电压表：测量范围分别为 $0 \sim 2$ V、$0 \sim 20$ V、$0 \sim 200$ V；最高工作频率：20 kHz。

（5）音频频率计：测量范围分别为 $0 \sim 2$ kHz、$0 \sim 20$ kHz、$0 \sim 200$ kHz。

（6）测量电容量：测量范围分别为 $0 \sim 2\,000$ pF、$0 \sim 0.02$ μF、$0 \sim 0.2$ μF；脉冲振荡器频率约为 250 Hz。

3.16.2　设计原理和参考电路

本设计以一个 $3\frac{1}{2}$ 位（十进制 3 位半）的数字电压表为基础，配合不同的外接电路，构成多种测量仪表。主要包括直流电压表、直接电流表、欧姆（电阻）表、交流电压表、频率计、电容测试仪等。

1）$3\frac{1}{2}$ 位数字电压表

$3\frac{1}{2}$ 位数字电压表以大规模 CMOS 集成电路 ICL7107 为基础，外接少量元件而构成，如图 3.16.1 所示，其主要指标如下：

量程：直流 $0 \sim \pm1.999$ V；

精度：$\pm0.2\%$；±1 个字；

输入电阻：大于 10 MΩ；

显示器:4 只 16 mm 7 段 LED 显示器(共阳极);

工作电源:直流±5 V。

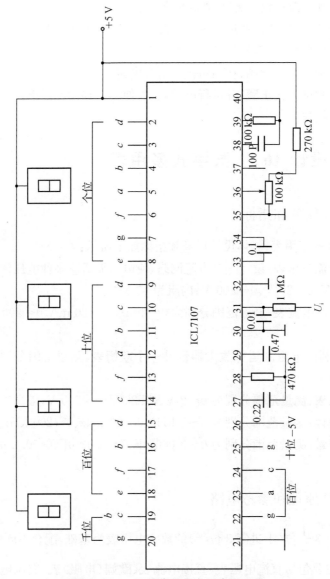

图 3.16.1 三位半数字电压表原理图

ICL7107 将输入直流电压进行 A/D 转换,然后驱动显示器,显示输入电压的大小和极性。其中,A/D 转换是采用双积分式 A/D 转换电路。双积分式 A/D 转换原理,可以用图 3.16.2 来说明。

双积分 A/D 转换主要有两个阶段:

第一阶段是采样($t_0 \sim t_1$),输入电压 U_i 进入积分器,使积分器的输出电压线性下降。采样时间 T_1 是固定不变的。采样结束时,积分器的输出电压 U_o 为:

$$U_o = -\frac{1}{C}\int_{t_0}^{t_1} \frac{U_i}{R}\mathrm{d}t = -\frac{T_1}{RC}U_i$$

　　第二阶段是回积（$t_1 \sim t_2$），也就是反向积分，积分器输入与 U_i 反极性的参考电压 $-U_R$（$U_R \geqslant |U_i|$ 的最大值）。积分器的输出电压线性上升，直至 $U_o = 0$ 时反向积分结束，积分器的输出电压 U_o 为：

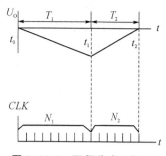

$$U_o = -\frac{T_1}{RC}U_i - \frac{1}{C}\int_{t_1}^{t_2}\frac{-UR}{R}\mathrm{d}t = -\frac{T_1}{RC}U_i + \frac{T_2}{RC}U_R = 0$$

得
$$U_i = \frac{T_1}{T_2}U_R$$

图 3.16.2　双积分式 A/D 转换原理图

　　由于 T_1 和 U_R 都是常数，所以 U_i 正比于时间 T_2，这就完成了电压-时间转换（U-T 转换）。

　　再利用计数器对频率固定的时钟脉冲进行计数，即可将时间间隔 T_1、T_2 转变成脉冲个数 N_1、N_2，则：

$$U_i = \frac{N_2}{N_1}U_R$$

　　适当选择 N_1 和 U_R 可使 N_2 和 U_i 的值相等。

　　双积分式 A/D 转换器的优点是转换度高，抗干扰能力强，而且对时钟频率 f_c 稳定度要求不高，一般用阻容振荡就可以了。它的缺点是转换速度较低。我们这次制作的数字电压表，其时钟频率约为 10 kHz（周期 $T_C = 0.1$ ms）。采样阶段占用 2 000 T_C，回积阶段最长也是 20 000 T_C，完成一次转换需要 4 000 T_C，即 0.4 s，每秒完成 2.5 次 A/D 转换。

　　2）多量程直流电压表

　　多量程直流电压表电路如图 3.16.3 所示，在测量待测电压 U_x 时，将 ICL7107 的输入电压 U_i，调整为 2 V 以内，可以在各个挡进行不同程度的分压处理：

　　（1）0～20 V 挡：

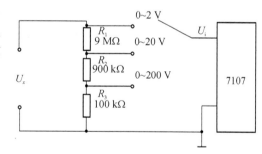

图 3.16.3　直流电压表电路

$$U_x\frac{R-R_1}{R} = U_i$$

式中，$R = R_1 + R_2 + R_3$。

　　当 $U_x = 20$ V 时，则有：

$$U_i = 2 \text{ V}$$

可得：
$$R - R_1 = \frac{1}{10}R, \ R_1 = \frac{9}{10}R$$

　　（2）0～200 V 挡：

$$U_x\frac{R-R_1-R_2}{R} = U_i$$

　　当 $U_x = 200$ V 时，则有：　　　　　　　$U_i = 2$ V

可得：
$$R - R_1 - R_2 = \frac{1}{100}R, \ R_2 = \frac{9}{100}R$$

　　令 $R = 10$ MΩ，则 $R_1 = 9$ MΩ，$R_2 = 900$ kΩ，$R_3 = 100$ kΩ。

3) 多量程直流电流表

多量程直流电流表电路如图 3.16.4 所示，在测量待测电流 I_x 时，将 7107 的输入电压 U_i 调整在 2 V 以内，可以在各个挡进行不同程度的分流处理并通过电阻将电流转化为电压：

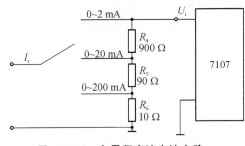

（1）0～20 mA 挡：

$$I_x(R_5+R_6)=U_i$$

当 $I_x=20$ mA 时，$U_i=2$ V，
可得：　　　　　　$R_5+R_6=100\ \Omega$

图 3.16.4　多量程直流电流电路

（2）0～200 mA 挡：

$$I_xR_6=U_i$$

当 $I_x=200$ mA 时，$U_i=2$ V，
可得：　　　　　　　　　$R_6=10\ \Omega$，
令 $R=R_4+R_5+R_6=1$ kΩ，则 $R_4=900\ \Omega$，$R_5=90\ \Omega$。

4) 欧姆表

欧姆表电路如图 3.16.5 所示，利用反向比例运算电路中输入电压与输出电压之比，可得待测电阻与已知电阻之比，由此可得待测电阻 R_x。

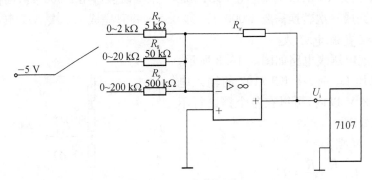

图 3.16.5　欧姆表电路

设 R_7、R_8、R_9 的数值已知，电路的输入电压为 -5 V，待测电阻为 R_x；

根据比例运算电路有：$\dfrac{U_i}{-5}=-\dfrac{R_x}{R_7}$

（1）0～2 kΩ 挡：

当 $R_x=2$ kΩ 时，$U_i=2$ V，
可得：　　　　　　　　　$R_7=5$ kΩ

同理：

（2）0～20 kΩ 挡：

当 $R_x=20$ kΩ 时，$U_i=2$ V，
可得：　　　　　　　　　$R_8=50$ kΩ

（3）0～200 kΩ 挡：

当 $R_x=200$ kΩ 时，$U_i=2$ V，

可得： $$R_9 = 500 \text{ k}\Omega$$

5）交流电压表

利用电阻,运算放大器和整流二极管可设计出一个测量交流电压有效值的交流数字电压表,其实是采用精密整流电路,以消除整流二极管正向压降所带来的测量误差。

设计电路中,采用一级电压跟随器隔离之前电路所带来的影响,再采用一级 1:1 的反向比例运算电路加以整流,最后经过一级放大电路以达到所要设计的效果。

交流电压表具体电路如图 3.16.6 所示。

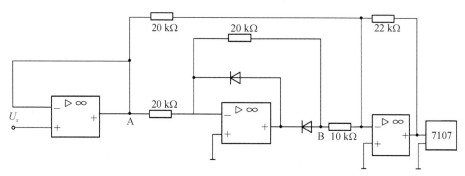

图 3.16.6 交流电压表电路

6）多量程音频频率计

把正弦交流输入信号变成宽度一定,频率和原来相同的矩形脉冲序列,然后测量其平均值。频率高的信号,脉冲多,平均值也大。因此平均值即可反应频率的高低。其原理框图和波形图如图 3.16.7 所示,多量程音频频率计具体电路如图 3.16.8 所示：

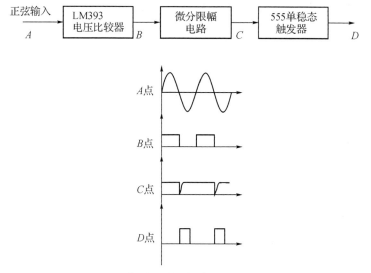

图 3.16.7 多量程音频频率计原理图和波形图

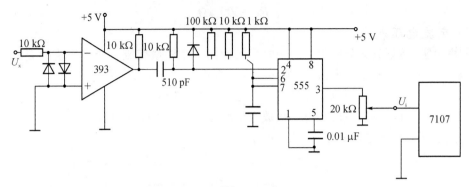

图 3.16.8　多量程音频频率计电路

7) 多量程电容测量表

将电容量的大小转换成频率一定,宽度不同的脉冲序列,在用数字万用表测量其平均电压,直接显示出电容量的大小。其原理框图及具体电路分别如图 3.16.9 和图 3.16.10 所示:

图 3.16.9　电容测量仪原理框图

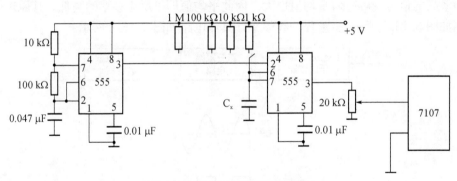

图 3.16.10　多量程电容测量表

3.16.3　调试要点

数字多用表是以数字电压表为基础,故调试主要是对数字电压表的调试。本电压表 7107 的满量程电压为 2 V(1.999 mV),第 36 脚的参考电压应调整到 1 V。

任何能转换成直流电压的量,都能用它进行数字化测量。例如,我们用它设计一个电子称,其量程为 2 kg,而 1 kg 重量使传感器产生的输出电压为 0.48 V,则将 36 脚的参数电压调整到 0.48 V 即可。

数字电压表接线完成后,调整 100 kΩ 电位器使 35 脚(接地)和 36 脚之间的电压为 1.000 V。然后进行以下检查。

① U_i 端和地接通,应显示

		0	0	0

② U_i 端和＋5 V 接通,应显示

1			

③ U_i 端和接通,应显示

−1			

④ 37 脚和＋5 V 接通,应显示

−1	8	8	8

如果以上检查都能通过,则电压表已经完成。

3.16.4 设计要求

(1) 划分各单元电路的功能,并进行单元电路设计,画出逻辑图。

(2) 确定数字式多用表的总体设计方案,画出总逻辑图。

(3) 选择元器件型号,确定元器件的参数。

(4) 画出装配图,并对电路进行组装和焊接。

(5) 自拟调整测试方法步骤,并进行电路调试,使其达到设计要求。

(6) 写出设计报告。

附录

附录 A　半导体分立器件

1) 半导体分立器件的命名

国产半导体分立器件的型号是按它的材料、性能、类别来命名的,其型号各部分的含义见表 A.1。

表 A.1　半导体器件型号命名法

第一部分		第二部分		第三部分		第四部分	第五部分
用数字表示器件的电极数		用字母表示器件的材料和极性		用字母表示器件的类别		用数字表示器件的序号	用字母表示规格号
符号	意义	符号	意义	符号	意义	意义	意义
2	二极管	A	N 型锗材料	P	普通管	反映了极限参数、直流参数和交流参数等的差别	反映了承受反向击穿电压的程度。如规格号为 A, B, C, D, …, 其中 A 承受的反向击穿电压最低, B 次之……
		B	P 型锗材料	V	微波管		
		C	N 型硅材料	W	稳压管		
		D	P 型硅材料	C	参量管		
3	三极管	A	PNP 型锗材料	Z	整流管		
		B	NPN 型锗材料	L	整流堆		
		C	PNP 型硅材料	S	隧道管		
		D	NPN 型硅材料	N	阻尼管		
		E	化合物材料	U	光电器件		
				K	开关管		
				X	低频小功率管 ($f_a < 3$ MHz, $P_c < 1$ W)		
				G	高频小功率等 ($f_a \geqslant 3$ MHz, $P_c < 1$ W)		
				D	低频大功率管 ($f_a < 3$ MHz, $P_c > 1$ W)		
				A	高频大功率管 ($f_a \geqslant 3$ MHz, $P_c > 1$ W)		
				T	半导体闸流管(可控整流器)		
				Y	体效应器件		
				B	雪崩管		
				J	阶跃恢复管		
				CS	场效应器件		
				BT	半导体特殊器件		
				FH	复合管		
				PIN	PIN 管		
				JG	激光器件		

例：

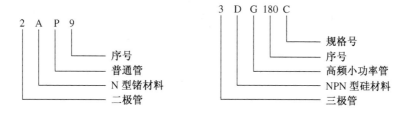

场效应管、半导体特殊器件、复合管、PIN 型管和激光器件的型号组成只有第三、第四、第五部分。如 CS2B 表示为场效应管，器件序号为 2，规格号为 B。

需要注意，实际上，半导体闸流管的型号也有用 KP 的，场效应管的型号也有用 3DJ、3DN、3DO 的。

2）常用二极管的技术参数

（1）检波二极管（见表 A.2）

表 A.2　部分 2AP 型检波二极管的主要参数

型号	击穿电压	反向漏电流	最高反向工作电压	额定正向电流	检波损耗	截止频率	势垒电容
	$BU_R(V)$	$I_R(\mu A)$	$U_{RM}(V)$	$I_F(mA)$	$L_{rd}(dB)$	$f(MHz)$	$C_B(pF)$
2AP9	20	≤200	15	≥8	≥20	100	≤0.5
2AP10	40	≤200	30				

（2）整流二极管（见表 A.3）

表 A.3　常用整流二极管的主要参数

型　号	最高反向峰值电压 $U_{RM}(V)$	额定正向整流电流 $I_F(A)$	正向电压降 $U_F(V)$	反向漏电流（平均值） $I_r(\mu A)$		不重复正向浪涌电流 $I_{FSM}(A)$	频率 $f(kHz)$	额定结温 $T_{jN}(℃)$	备　注
2CZ84A～2CZ84X	25～3000	0.5	1.0	≤10 (25 ℃)	500 (100 ℃)	10	3	130	
2CZ55A～2CZ55X	25～3000	1	1.0	10 (25 ℃)	500 (125 ℃)	20	3	150	
2CZ85A～2CZ85X	25～3000	1	1.0	10 (25 ℃)	500 (125 ℃)	20	3	130	塑料封装
2CZ56A～2CZ56X	25～3000	3	0.8	20 (25 ℃)	1000 (140 ℃)	65	3	140	
2CZ57A～2CZ57X	25～3000	5	0.8	20 (25 ℃)	1000 (140 ℃)	100	3	140	

（续表 A.3）

型　号	最高反向峰值电压 U_{RM} (V)	额定正向整流电流 I_F (A)	正向电压降 U_F (V)	反向漏电流（平均值）I_r (μA)	外形图
1N4001	50	1	1.0	5	
1N4002	100	1	1.0	5	
1N4003	200	1	1.0	5	
1N4004	400	1	1.0	5	
1N4005	600	1	1.0	5	
1N4006	800	1	1.0	5	
1N4007	1000	1	1.0	5	
1N4007A	1300	1	1.0	5	
1N5400	50	3	0.95	5	
1N5401	100	3	0.95	5	
1N5402	200	3	0.95	5	

（3）稳压二极管（见表 A.4）

表 A.4　常用硅稳压二极管的主要参数

型　号		最大耗散功率 P_{ZM} (W)	最大工作电流 I_{ZM} (mA)	稳定电压 U_Z (V)	动态电阻		反向漏电流 I_R (μA)	正向压降 U_F (V)	电压温度系数 C_{TV} (10^{-4}/℃)	外　型
					R_Z (Ω)	I_Z (mA)				
(1N4370)	2CW50	0.25	83	1～2.8	≤50	10	≤10(V_R=0.5)	≤1	≤−9	
1N746 (1N4371)	2CW51	0.25	71	2.5～3.5	≤60	10	≤5(V_R=0.5 V)	≤1	≤−9	
1N747－9	2CW52	0.25	55	3.2～4.5	≤70	10	≤2(V_R=0.5)	≤1	≤−8	
1N750－1	2CW53	0.25	41	4～5.8	50	10	≤1	≤1	−6～4	
1N752－3	2CW54	0.25	38	5.5～6.5	30	10	≤0.5	≤1	−3～5	
1N754	2CW55	0.25	33	6.2～7.5	15	10	≤0.5	≤1	≤6	
1N755－6	2CW56	0.25	27	7～8.8	15	10	≤0.5	≤1	≤7	
1N757	2CW57	0.25	26	8.5～9.5	20	5	≤0.5	≤1	≤8	
1N758	2CW58	0.25	23	9.2～10.5	25	5	≤0.5	≤1	≤8	
1N962	2CW59	0.25	20	10～11.8	30	5	≤0.5	≤1	≤9	
1N963	2CW60	0.25	19	11.5～12.5	40	5	≤0.5	≤1	≤9	
1N964	2CW61	0.25	16	12.2～14	50	3	≤0.5	≤1	≤9.5	
1N965	2CW62	0.25	14	13.5～17	60	3	≤0.5	≤1	≤9.5	
2DW7A	2DW230	0.2	30	5.8～6.0	≤25	10	≤1	≤1	≤|50|	
2DW7B	2DW231	0.2	30	5.8～6.0	≤5	10	≤1	≤1	≤|50|	
2DW7C	2DW232	0.2	30	6.0～6.5	≤10	10	≤1	≤1	≤|50|	
2DW8A		0.2	30	5～6	≤25	10	≤1	≤1	≤|8|	
2DW8B		0.2	30	5～6	≤15	10	≤1	≤1	≤|8|	
2DW8C		0.2	30	5～6	≤5	10	≤1	≤1	≤|8|	

（4）发光二极管（见表 A. 5）

表 A.5　部分 2EF 系列发光二极管主要参数

型　号	工作电流	正向电压	发光强度	最大工作电流	反向耐压	发光颜色
	I_F(mA)	U_F(V)	I(mcd)	I_{FM}(mA)	U_{BR}(V)	
2EF401 2EF402	10	1.7	0.6	50	≥7	红
2EF411 2EF412	10	1.7	0.5 0.8	30	≥7	红
2EF441	10	1.7	0.2	40	≥7	红
2EF501 2EF502	10	1.7	0.2	40	≥7	红
2EF551	10	2	1.0	50	≥7	黄绿
2EF601 2EF602	10	2	0.2	40	≥7	黄绿
2EF641	10	2	1.5	50	≥7	红
2EF811 2EF812	10	2	0.4	40	≥7	红
2EF841	10	2	0.8	30	≥7	黄

（5）开关二极管（见表 A. 6）

表 A.6　2AK、2CK、IN 系列开关二极管的主要参数

型　号	反向峰值工作电压	正向重复峰值电流	正向压降	额定功率	反向恢复时间
	U_{RM}(V)	I_{FRM}(mA)	U_F(V)	P(mW)	t_{rr}(ns)
1N4148	60	450	≤1	500	4
1N4149					
2AK1	10		≤1		≤200
2AK2	20				
2AK3	30	150			
2AK5	40		≤0.9		≤150
2AK6	50				
2CK74(A～E)	A≥30 B≥45 C≥60 D≥75 E≥90	100	≤1	100	≤5
2CK75(A～E)				150	
2CK76(A～E)		150 200 250		200	≤10
2CK77(A～E)				250	

3) 常用三极管的技术参数(见表 A.7)

表 A.7　部分常用中、小功率晶体三极管技术参数

型　号	$U_{CBO}(V)$	$U_{CEO}(V)$	$I_{CM}(A)$	$P_{CM}(W)$	H_{FE}	$f_T(MHz)$
9011(NPN)	50	30	0.03	0.4	28~200	370
9012(PNP)	40	20	0.5	0.625	64~200	
9013(NPN)	40	20	0.5	0.625	64~200	
9014(NPN)	50	45	0.1	0.625	60~1800	270
9015(PNP)	50	45	0.1	0.45	60~600	190
9016(NPN)	30	20	0.025	0.4	28~200	620
9018(NPN)	30	15	0.05	0.4	28~200	1100
8050(NPN)	40	25	1.5	1.0	85~300	110
8550(PNP)	40	25	1.5	1.0	60~300	200
2N5401		150	0.6	1.0	60	100
2N5550		140	0.6	1.0	60	100
2N5551		160	0.6	1.0	80	100
2SC945		50	0.1	0.25	90~600	200
2SC1815		50	0.15	0.4	70~700	80
2SC965		20	5	0.75	180~600	150
2N5400		120	0.6	1.0	40	100

4) 常用场效应管的技术参数(见表 A.8)

表 A.8　3DJ、3DO、3CO 系列场效应晶体管的主要参数

型　号	类　型	饱和漏源电流 $I_{DSS}(mA)$	夹断电压 $U_P(V)$	开启电压 $U_T(V)$	共源低频跨导 $g_m(mS)$	栅源绝缘电阻 $R_{GS}(\Omega)$	最大漏源电压 $U_{(BR)DS}(V)$
3DJ6D E F G H	结型场效应管	<0.35 0.3~1.2 1~3.5 3~6.5 6~10	<|−9|		300 500 1 000	≥10⁸	>20
3DO1D E F G H	MOS 场效应管(N沟道耗尽型)	<0.35 0.3~1.2 1~3.5 3~6.5 6~10	<|−4| <|−9|		>1 000	≥10⁹	>20

型　号	类　型	饱和漏源电流 I_{DSS}(mA)	夹断电压 U_P(V)	开启电压 U_T(V)	共源低频跨导 g_m(mS)	栅源绝缘电阻 R_{GS}(Ω)	最大漏源电压 $U_{(BR)DS}$(V)
3DO6A B	MOS 场效应管（N 沟道增强型）	≤10		2.5～5 ＜3	＞2000	≥10^9	＞20
3CO1	MOS 场效应管（P 沟道增强型）	≤10		$\|-2\|\sim$ $\|-6\|$	＞500	$10^8\sim10^{11}$	＞15

附录 B　半导体集成电路

1) 半导体集成电路的命名

我国国家标准 GB/T 3430—1989 规定了半导体集成电路型号的命名由五部分组成,各部分的符号及意义及表 B.1。

表 B.1　器件型号的组成

第零部分		第一部分		第二部分	第三部分		第四部分	
用字母表示器件符合国家标准		用字母表示器件的类型		用阿拉伯数字和字母表示器件系列品种	用字母表示器件的工作温度范围		用字母表示器件的封装	
符号	意义	符号	意义		符号	意义	符号	意义
C	中国制造	T	TTL 电路	TTL 分为:	C	0～70℃⑤	F	多层陶瓷扁平封装
		H	HTL 电路	54/74×××①	G	—25～70℃	B	塑料扁平封装
		E	ECL 电路	54/74H×××②	L	—25～85℃	H	黑瓷扁平封装
		C	CMOS	54/74L×××③	E	—40～85℃	D	多层陶瓷双列直插封装
		M	存储器	54/74S×××	R	—55～85℃		
		μ	微型机电器	54/74LS×××④	M	—55～125℃⑥	I	黑瓷双列直插封装
		F	线性放大器	54/74AS×××	⋮		P	黑瓷双列直插封装
		W	稳压器	54/74ALS×××			S	塑料单列直插封装
		D	音响、电视电路	54/74F×××			T	塑料封装
		B	非线性电路	CMOS 为:			K	金属圆壳封装
		J	接口电路	4000 系列			C	金属菱形封装
		AD	A/D 转换器	54/74HC×××			E	陶瓷芯片载体封装
		DA	D/A 转换器	54/74HCT×××			G	塑料芯片载体封装
		SC	通信专用电路	⋮			⋮	网格针栅陈列封装
		SS	敏感电路				SOIC	小引线封装
		SW	钟表电路				PCC	塑料芯片载体封装
		SJ	机电仪电路				LCC	陶瓷芯片载体封装
		SF	复印机电路					
		⋮						

注: ① 74:国际通用 74 系列(民用);54:国际通用 54 系列(军用);
② H:高速;
③ L:低速;
④ LS:低功耗;
⑤ C:只出现在 74 系列;
⑥ M:只出现在 54 系列。

举例:

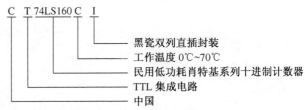

2）常用模拟集成电路的引脚排列及参数规范

（1）运算放大器

① 通用型集成运放 CF741(OP07、µA741)；µA747

a. 特点

该器件为通用Ⅲ型集成运放,高性能带内补偿,具有较宽的共模和差模电压范围,具有短路保护、功耗低、不需外部补偿的特点。可用做积分器、求和放大及普通反馈放大器。

b. 引脚排列（见图 B.1）

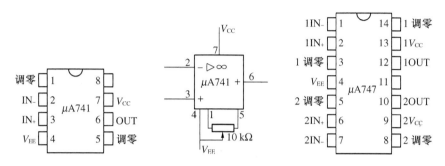

图 B.1　µA741、µA747 的引脚排列

c. 参数规范（见表 B.2）

表 B.2　CF741 电参数规范（$V_S = \pm 15$ V, $T_A = 25℃$）

参　数	CF741M			CF741C		
	最小	典型	最大	最小	典型	最大
输入失调电压 U_{IO}(mV)		1.0	5.0		2.0	6.0
输入失调电流 I_{IO}(nA)		20	200		20	200
输入偏置电流 I_{IB}(nA)		80	500		80	500
开环电压增益 A_{UD}(V/mV)	50	200		20	200	
输出峰-峰电压 U_{Op-p}(V)	± 12	± 14		± 12	± 14	
输入电容 C_1(pF)		1.4			1.4	
失调电压调整范围 U_{IOR}(mV)		± 15			± 15	
共模输入电压范围 U_{ICR}(V)	± 12	± 13		± 12	± 13	
共模抑制比 K_{CMR}(dB)	70	90		70	90	
电源电压抑制比 K_{SVR}(μV/V)		30	150		30	150
输入电阻 R_{ID}(MΩ)	0.3	2.0		0.3	2.0	
输出电阻 R_{OS}(Ω)		75			75	
电源电流 I_S(mA)		1.7	2.8		1.7	2.8
功耗 P_D(mW)		50	85		50	85

② 通用型集成运放 CF124/224/324,CF158/258/358

a. 特点

该系列为通用型高增益运放，CF/124/224/324 是四运放，CF158/258/358 是双运放。双电源使用电压为（±1.5～±15）V，单电源使用为 3～30 V，其电源电流很小且与电源电压小无关，频率补偿及偏置电流均采用了温度补偿，它能与 TTL 逻辑电路兼容，静态功耗很低。该系列器件可用于换能放大器、直流增益单元及通常的运算放大电路。

b. 引脚排列（见图 B.2）

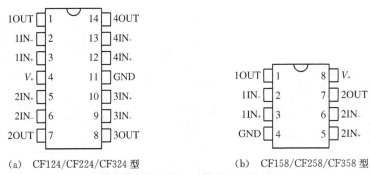

（a） CF124/CF224/CF324 型   （b） CF158/CF258/CF358 型

图 B.2 CF124/CF224/CF324、CF158/CF258/CF358 引脚排列

c. 参数规范（见表 B.3）

表 B.3 CF124 系列电参数规范（$V_S = \pm 5.0$ V，$T_A = 25℃$）

参 数	CF124M/CF224L			CF324C		
	最小	典型	最大	最小	典型	最大
输入失调电压 U_{IO}(mV)		±2.0	±5.0		±2.0	±7.0
输入失调电流 I_{IO}(nA)		±3.0	±30		±5.0	±50
输入偏置电流 I_{IB}(nA)		45	150		45	250
电源电流 I_S(mA)		1.0	2.0		1.0	2.0
开环电压增益 A_{UD}(V/mV)	50	100		25	100	
输出电压幅度 U_{Op-p}(V)	26			26		
共模输入电压范围 U_{ICR}(V)	0		$V_+ - 1.5$	0		$V_+ - 1.5$
共模抑制比 K_{CMR}(dB)	70	85		65	70	
电源电压抑制比 K_{SVR}(dB)	65	100		65	100	
差模输入电压 U_{ID}(V)			32			32

③ 其他常用集成运放

a. 特点及引脚排列（见表 B.4）

表 B.4　其他常用集成运放的特点及引脚排列

型号特点	引脚排列	型号特点	引脚排列
CF148/248/348 通用型四运放,性能较好,高增益内补偿,低功耗。常用做测量放大器、波形发生器和有源滤波器	1OUT 1 14 4OUT 1IN- 2 13 4IN- 1IN+ 3 12 4IN+ V+ 4 11 V- 2IN+ 5 10 3IN+ 2IN- 6 9 3IN- 2OUT 7 8 3OUT	CF351/353/354 高速 FET 输入运放,351 为单运放,353/354 为双运放。转换速率快,输入阻抗高,谐波失真、噪声低。用于高速积分器、快速D/A 转换器和采样/保持电路	OA₁ 1 8 NC IN- 2 7 V+ IN+ 3 6 OUT V- 4 5 OA₂ 1OUT 1 8 V+ 1IN- 2 7 2OUT 1IN+ 3 6 2IN- V- 4 5 2IN+
CF1558/1458 通用型高性能双运放,内有相位补偿不需外接,共模和差模电压范围宽,具有短路保护,功耗低。常用做求和放大器和积分器	1OUT 1 8 V+ 1IN- 2 7 2OUT 1IN+ 3 6 2IN- V- 4 5 2IN+	CF725 精密运放,具有低输入噪声和失调电流、高增益和共模抑制比的特点,用于仪器仪表	OA₁ 1 8 OA₂ IN- 2 7 V+ IN+ 3 6 OUT V- 4 5 COMP
CF253 低功耗运放,电源电压范围宽,低电压工作无交越失真,有输出保护	COMP₁ 1 8 COMP₂ IN- 2 7 V+ IN+ 3 6 OUT V- 4 5 BI	CF1536/1436 高压运放,具有频率内补偿和输入过压保护。用于高电压电路	OA₁ 1 8 NC IN- 2 7 V+ IN+ 3 6 OUT V- 4 5 OA₂
CF318 高速运放,具有输出零电位、稳定性高、输入阻抗高等特点。转换速率较高,小信号带宽较宽,常用于电压比较器	OA₁/COMP₁ 1 8 COMP₂ IN- 2 7 V+ IN+ 3 6 OUT V- 4 5 OA₂/COMP₃	CF3080 跨导运放。工作电压范围宽,采用外偏置,输出电流范围宽,转换速率高。用于采样/保持、电压跟随器、电压比较器、乘法器和多路传输等	NC 1 8 NC IN- 2 7 V+ IN+ 3 6 OUT V- 4 5 B₁

b. 参数规范(见表 B.5)

表 B.5　其他常用集成运算放大器主要参数

型号	U_{IO} (mV)	I_{IO} (nA)	I_{IB} (nA)	A_{UD} (V/mV)	U_{Op-p} (V)	U_{ICR} (V)	K_{CMR} (dB)	K_{SVR} ($\mu V/V$)	BW_G (MHz)	I_S (mA)
CF148	1.0	4.0	30	160	±12	±12	90	96 dB	1.0	2.4
CF1558/1458	1.0	2.0	80	200	±14	±13	90	30		2.3
CF253	5.0	50	100	110	±13.5		100	10		40
CF353	5.0	25 pA	50 pA	100	±13.5	+15 -12	100	100 dB	4.0	3.6
CF725M	0.5	2.0	42 mA	3000	±13.5	±14	120	2.0		
CF1536M	14	5.0	15 μA	500	±22	±25	110	35	1.0	
CF3080	0.4	0.12 μA	2.0 μA			±14	110		2.0	1.0

（2）集成稳压器

① 三端固定输出集成稳压器 CW78××系列、CW79××系列

CW78××系列为正输出电压,CW79××系列为负输出电压,其型号后面的××代表输出电压值,有 5、6、9、12、15、18、20、24 V 等。其额定输出电流以 78 或 79 后字母区分,L 为 0.1 A,M 为 0.5 A,无字母为 1.5 A。例如,CW7805 表示输出电压为 5 V,额定输出电流为 1.5 A。

a. 引脚排列（见图 B.3）

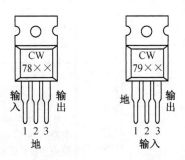

图 B.3　CW78××、CW79××系列引脚排列

b. 参数规范（见表 B.6）

表 B.6　CW78M××系列（0.5 A）稳压器主要参数（$T_i = 25\ ℃$）

参数名称	输入电压 U_I (V)	输出电压 U_o (V)	电压调整率 S_U (mV)		电流调整率 S_I (mV)	偏置电流 I_d (mA)	最小输入电压 U_{Imin} (V)	温度变化率 S_r (mV/℃)
测试条件		$I_o = 200$ mA	U_I(V)	ΔU_o	$I_o =$ 5～500 mA	I_o	$I_o < 500$ mA	$I_o = 5$ mA
CW78M05	10	4.8～5.2	8～18	7	20	8	7	1.0
CW78M06	11	5.75～6.25	9～19	8.5	25	8	8	1.0
CW78M09	14	8.65～9.35	12～22	12.5	40	8	11	1.2
CW78M12	19	11.5～12.5	15～25	17	50	8	14	1.2
CW78M15	23	14.4～15.6	18.5～28.5	21	60	8	17	1.5
CW78M18	26	17.3～18.7	22～32	25	70	8	20	1.8
CW78M24	33	23～25	28～38	33.5	100	8	26	2.4

注:CW79M××系列的参数与 CW78M××系列相同。

② 三端可调输出集成稳压器 CW117/217/317,CW137/237/337 系列

CW117/217/317 系列的输出电压可调范围为 1.2～37 V,CW137/237/337 系列的输出电压可调范围为 −1.2～−37 V。额定输出电流有 0.1 A(标 L)、0.5 A(标 M)和 1.5 A(不标 L 或 M)三种。

a. 引脚排列（见图 B.4）

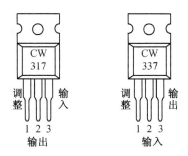

图 B.4　CW117、CW137 系列引脚排列

b. 参数规范(见表 B.7)

表 B.7　CW117/CW217/317 电参数规范

参数名称		CW117/CW217			CW317		
		最小	典型	最大	最小	典型	最大
电压调整率 S_U(%V)			0.02	0.05		0.02	0.07
电流调整率 S_I(%V)			0.3	1.0		0.3	1.5
调整端电流 I_{ADJ}(μA)			50	100		50	100
基准电压 U_{REF}(V)		1.20	1.25	1.30	1.20	1.25	1.30
最小负载电流 I_{Omin}(mA)			3.5	5.0		3.5	10
纹波抑制比 S_{rip}(dB)		66	80		66	80	
最大输出电流 I_{OM}(A)	金属封装	1.5	2.2	3.4	1.5	2.2	3.4
	塑料封装	0.5	0.8	1.8	0.5	0.8	1.8

注:CW137/237/337 的参数与表中相同,仅基准电压为负值。

(3) 集成音频功率放大器

① 8FY386(LM386)325 mV 音频功率放大器

8FY386 电源电压范围宽(4～12 V),静态功耗低,用于便携式无线电设备和收录机。

a. 引脚排列(见图 B.5)

图 B.5　8FY386 的引脚排列

b. 参数规范(见表 B.8)

表 B.8　8FY386 的主要参数(T_A=25 ℃)

参数名称	测试条件	参数值
电源电压 V_{CC}(V)		4～12
静态电流 I_{CC}(mA)	$V_{CC}=6$ V,$V_I=0$	4～8

续表 B.8

参数名称	测试条件	参数值
输出功率 P_O(mW)	$V_{CC}=6$ V,$R_L=8$ Ω,THD$=10\%$	325
电压增益 G_U(dB)	$V_{CC}=6$ V,$f=1$ kHz	26
	脚 1、脚 8 之间接 10 μF 电容	46
带宽 BW(kHz)	$V_{CC}=6$ V,脚 1、脚 8 断开	300
总波形失真 THD(%)	$V_{CC}=6$ V,$R_L=8$ Ω,$P_O=125$ mW $f=1$ kHz,脚 1、脚 8 断开	0.2
输入阻抗 R_i(kΩ)		50

② CD4100(LA4100)1 W 音频功率放大器

LA4100 集成功率放大器工作稳定,适应范围宽,使用灵活,常用于收、录音机和对讲机。

a. 引脚排列(见图 B.6)

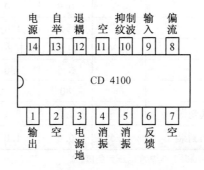

图 B.6　CD4100(LA4100)的引脚排列

b. 参数规范(见表 B.9)

表 B.9　CD4100(LA4100)主要参数

参数名称		参数值
电源电压 V_{CC}(V)		6
直流参数	静态电流 I_C(mA)	15~25
	输入电阻 R_i(kΩ)	12~20
交流参数	电压增益 A_u(dB)	45
	输出功率 P_{Omax}(W)	1 ($R_L=8$ Ω)
	总谐波失真 THD(%)	1.5
	噪声 U_{NO}(mV)	3

③ 8FG2030(TDA2030)14 W 音频功率放大器

8FG2030 音质较好,工作稳定可靠,能适应长时间连续工作,有过载保护和热切断保护。用于收录机和高保真扩音机。

a. 引脚排列(见图 B.7)

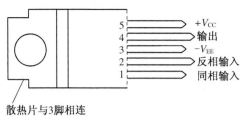

图 B.7　功放 8FG2030 外引线排列

b. 参数规范(见表 B.10)

表 B.10　8FG2030(TDA2030)主要参数(T_a=25 ℃)

参数名称	参数值			测试条件
	最小	典型	最大	
电源电压 V_{CC}(V)	±6		±18	
静态电流 I_{CC}(mA)		40	60	V_{CC}=±18 V,R_L=4 Ω
输出功率 P_O(W)	12	14		R_L=4 Ω,THD=0.5%
	8	9		R_L=8 Ω,THD=0.5%
输入阻抗 R_i(MΩ)	0.5	5		开环,f=1 kHz
谐波失真 THD(%)		0.2	0.5	P_O=0.1~12 W,R_L=4 Ω
频响 BW(Hz)	10		$140×10^3$	P_O=12 W,R_L=4 Ω
电压增益 G_U(dB)	29.5	30	30.5	f=1 kHz

(4) 555 集成定时器

555 定时器是一种模拟、数字混合型集成电路,使用灵活、方便。用于波形产生与变换、控制电路。

555/556 是双极型单/双定时器,7555/7556 是 CMOS 单/双定时器。

① 引脚排列(见图 B.8)

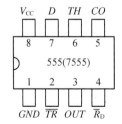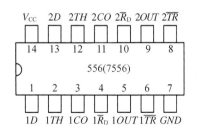

图 B.8　555/556、7555/7556 的引脚排列

② 参数规范(见表 B.11、表 B.12)

表 B.11　555 的主要性能参数

参数名称	测试条件	数　值
电源电压 V_{CC}(V)		5～16
电源电流 I_{CC}(mA)	$V_{CC}=15\text{ V},R_L=\infty$	10
阈值电压 U_{TH}(V)	$V_{CC}=15\text{ V}$	10
阈值电流 $I_{TH}(\mu A)$	$V_{CC}=15\text{ V}$	0.1
触发电压 U_{TR}(V)	$V_{CC}=15\text{ V}$	5
触发电流 $I_{TR}(\mu A)$	$V_{CC}=15\text{ V}$	0.5
控制电压 U_{CO}(V)	$V_{CC}=15\text{ V}$	10
输出低电平 U_{OL}(V)	$V_{CC}=15\text{ V},I_L=-50\text{ mA}$	1
输出高电平 U_{OH}(V)	$V_{CC}=15\text{ V},I_L=50\text{ mA}$	13.3
复位电压 U_R(V)	$V_{CC}=15\text{ V}$	≤0.4
复位电流 I_R(mA)	$V_{CC}=15\text{ V}$	≥0.5
最大输出电流 I_{Omax}(mA)	$V_{CC}=15\text{ V}$	≤200
最高振荡频率 f_{max}(kHz)	$V_{CC}=15\text{ V}$	≤300
输出上升时间 t_r(ns)	$V_{CC}=15\text{ V}$	≤150

表 B.12　7555 的主要性能参数

参数名称	测试条件	数　值
电源电压 V_{DD}(V)	$-40\text{ ℃}\leqslant T_A\leqslant+85\text{ ℃}$	3～18
电源电流 $I_{DD}(\mu A)$	$V_{DD}=3\text{ V}$	60
	$V_{DD}=18\text{ V}$	120
阈值电压 U_{TH}(V)	$5\text{ V}\leqslant V_{DD}\leqslant15\text{ V}$	$2V_{DD}/3$
触发电压 U_{TR}(V)	$5\text{ V}\leqslant V_{DD}\leqslant15\text{ V}$	$V_{DD}/3$
触发电流 I_{TR}(pA)	$V_{DD}=15\text{ V}$	50
复位电流 I_R(pA)	$V_{DD}=15\text{ V}$	100
复位电压 U_R(V)	$5\text{ V}\leqslant V_{DD}\leqslant15\text{ V}$	0.7
控制电压 U_{CO}(V)	$5\text{ V}\leqslant V_{DD}\leqslant15\text{ V}$	$2V_{DD}/3$
输出低电平 U_{OL}(V)	$V_{DD}=15\text{ V},I_{OL}=-3.2\text{ mA}$	0.1
输出高电平 U_{OH}(V)	$V_{DD}=15\text{ V},I_{OH}=1\text{ mA}$	14.8
输出上升时间 t_r(ns)	$R_L=10\text{ M}\Omega,C_L=10\text{ pF}$	40
输出下降时间 t_r(ns)	$R_L=10\text{ M}\Omega,C_L=10\text{ pF}$	40
最高振荡频率 f_{max}(kHz)	无稳态振荡	≥500

3) 常用数字集成电路系列产品的参数规范

(1) TTL 器件(见表 B.13)

表 B.13　TTL 数字集成电路的参数规范值

参数名称	符号	54/74 系列	TTL、LSTTL 系列			单位
			最小值	正常值	最大值	
电源电压	V_{CC}	54	4.5	5	5.5	V
		74	4.75	5	5.25	
工作环境温度	T_A	54	−55		125	℃
		74	0		70	
低电平输入电压	U_{IL}	54			0.8(0.7)	V
		74			0.8	
高电平输入电压	U_{IH}	54/74	2			V
低电平输出电压	U_{OL}	54		0.2(0.25)	0.4	V
		74		0.2(0.35)	0.4(0.5)	
高电平输出电压	U_{OH}	54	2.4(2.5)	3.4		V
		74	2.4(2.7)	3.4		
高电平输出电流	I_{OH}	54/74			−0.4	mA
低电平输出电流	I_{OL}	54			16(4)	mA
		74			16(8)	
低电平输入电流	I_{IL}	54/74			−1.6(−0.4)	mA
高电平输入电流	I_{IH}	54/74			0.04(0.02)	mA
输出短路电流	I_{OS}	54	−20		−55(−100)	mA
		74	−18(−20)		−55(−100)	

注:54 系列的军用品,工作温度范围为−55~125 ℃;
　　74 系列的民用品,工作温度范围为0~70 ℃。

(2) CMOS 器件

① 54/74HC,54/74HCT 系列的参数规范(见表 B.14)

表 B.14　54/74HC、54/74HCT 系列的参数规范值($V_{DD}=5$ V)

参数名称	负载类别	54/74HC		54/74HCT	
		最小值	最大值	最小值	最大值
低电平输入电压 U_{IL}(V)			0.9		0.8
高电平输入电压 U_{IH}(V)		3.15		2	
低电平输出电压 U_{OL}(V)	CMOS		0.1		0.1
	TTL		0.33(0.4)		0.33(0.4)
高电平输出电压 U_{OH}(V)	CMOS	4.4		4.4	
	TTL	3.84(3.7)		3.84(3.7)	

参数名称	负载类别	54/74HC		54/74HCT	
		最小值	最大值	最小值	最大值
高电平输出电流 I_{OH}(mA)		4(3.4)		4(3.4)	
低电平输出电流 I_{OL}(mA)	54	$-4(-3.4)$		$-4(-3.4)$	
输入电流 I_I(μA)			± 1		± 1

② 4000 系列的参数规范（见表 B.15）

表 B.15　CC4×××、CC14××× 系列的参数规范值

参数名称	类别	电源	CC4××× CC14×××	
			MIN	MAX
低电平输入电压 U_{IL}(V)		5 V 15 V		1.5 4.0
高电平输入电压 U_{IH}(V)		5 V 15 V	3.5 11	
低电平输出电压 U_{OL}(V)		5 V 15 V		0.05 0.05
高电平输出电压 U_{OH}(V)		5 V 15 V	4.95 14.95	
高电平输出电流 I_{OH}(mA)		5 V 15 V		-0.51 -3.4
低电平输出电流 I_{OL}(mA)		5 V 15 V	0.51 3.4	
输入电流 I_I(μA)	I II	5 V 15 V		± 0.1 ± 0.3

附录 C　常用数字集成电路的引脚排列

常用数字集成电路的引脚排列如图 C.1～C.70 所示。

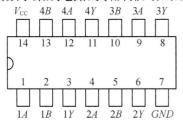

图 C.1　CT74LS00 四 2 输入与非门

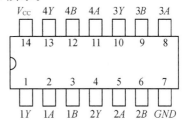

图 C.2　CT74LS01 四 2 输入与非门（OC）

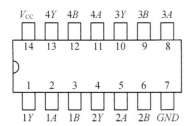

图 C.3　CT74LS02 四 2 输入或非门

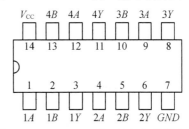

图 C.4　CT74LS03 四 2 输入与非门（OC）

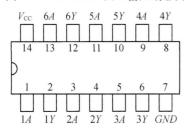

图 C.5　CT74LS04 六反向器

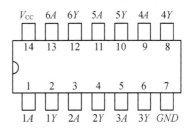

图 C.6　CT74LS07 六缓冲器/驱动器

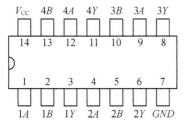

图 C.7　CT74LS08/09 四 2 输入与门

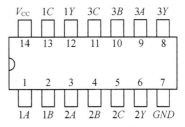

图 C.8　CT74LS10 三 3 输入与非门

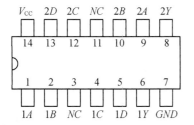

图 C.9　CT74LS20 双 4 输入与非门

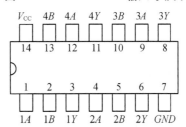

图 C.10　CT74LS32 四 2 输入或门

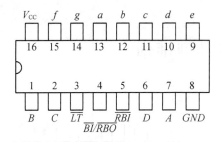

图 C.11　CT74LS47 BCD -七段译
码/驱动器

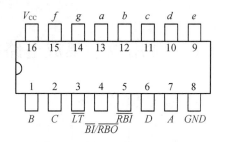

图 C.12　CT74LS48 BCD -七段译
码/驱动器

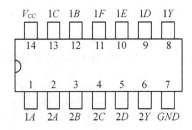

图 C.13　CT74LS51 双与或非门

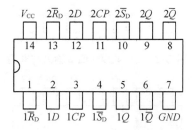

图 C.14　CT74LS74 双 D 触发器
（上升沿触发）

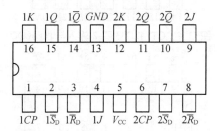

图 C.15　CT74LS76 双 JK 触发器
（下降沿触发）

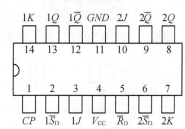

图 C.16　CT74LS78 双 JK 触发器
（下降沿触发）

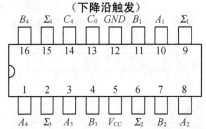

图 C.17　CT74LS83　4 位二进制全加器

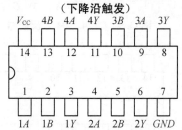

图 C.18　CT74LS86 四 2 输入异或门

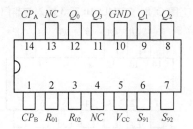

图 C.19　CT74LS90 十进制计数器

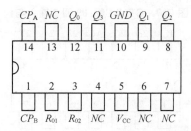

图 C.20　CT74LS93 4 位二进制计数
器（2 分频、8 分频）

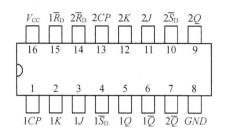

图 C.21　CT74LS112 双 JK 触发器（下降沿触发）

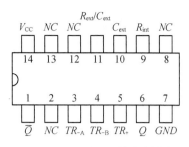

图 C.22　CT74LS121 单稳态触发器

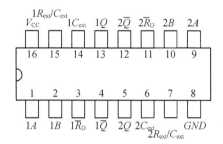

图 C.23　CT74LS123 双可重触发单稳态触发器

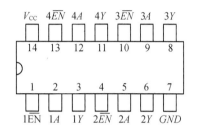

图 C.24　CT74LS125 四三态输出缓冲门

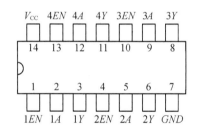

图 C.25　CT74LS126 四三态输出缓冲门

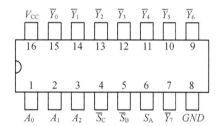

图 C.26　CT74LS138 3 线–8 线译码器

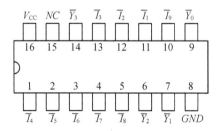

图 C.27　CT74LS147 10 线–4 线优先编码器

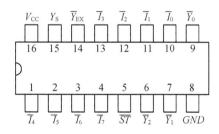

图 C.28　CT74LS148 8 线–3 线优先编码器

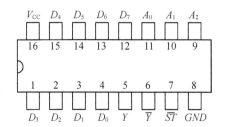

图 C.29　CT74LS151 八选一数据选择器

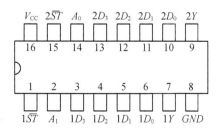

图 C.30　CT74LS153 双四选一数据选择器

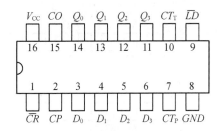

图 C.31　CT74LS160/161 同步 BCD 码
十进制/二进制计数器

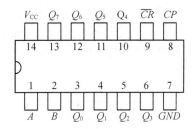

图 C.32　CT74LS164 8 位并行输出串
行移位寄存器

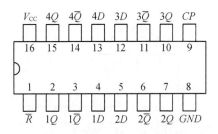

图 C.33　CT74LS175　四 D 触发器
（上升沿触发，有公共清除端）

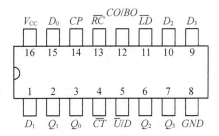

图 C.34　CT74LS190/191 同步可逆 BCD 码
十进制/二进制计数器

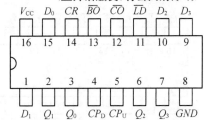

图 C.35　CT74LS192/193 同步可逆双时钟
BCD 码十进制/二进制计数器

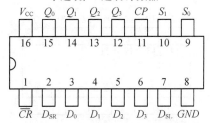

图 C.36　CT74LS194 4 位双向移
位寄存器

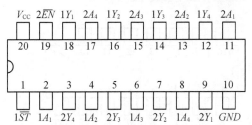

图 C.37　CT74LS244 八缓冲器
（原码三态输出）

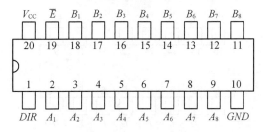

图 C.38　CT74LS245　八双向缓冲器（三态输出）

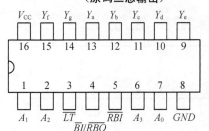

图 C.39　CT74LS247 BCD-七段译码/驱动器

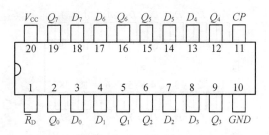

图 C.40　CT74LS273 8D 锁存器 8D 触发器

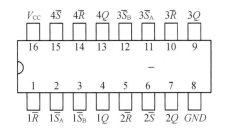

图 C.41　CT74LS279 四$\overline{R}$-$\overline{S}$锁存器

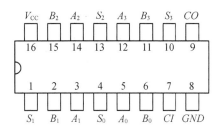

图 C.42　CT74LS283 4 位二进制超前进位全加器

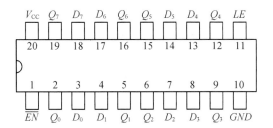

图 C.43　CT74LS373 八 D 锁存器

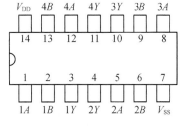

图 C.44　CC4001 四 2 输入或非门

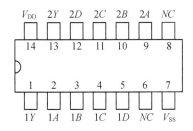

图 C.45　CC4002 双 4 输入或非门

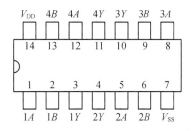

图 C.46　CC4011 四 2 输入与非门

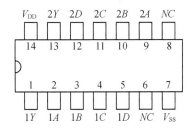

图 C.47　CC4012 双 4 输入与非门

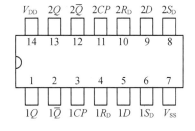

图 C.48　CC4013 双 D 触发器

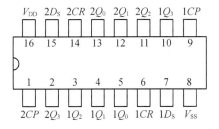

图 C.49　CC4015 双 4 位移位寄存器

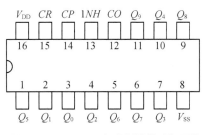

图 C.50　CC4017 十进制计数/分配器

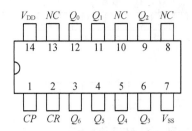

图 C.51　CC4024 7 位二进制计数器

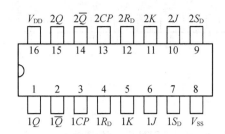

图 C.52　CC4027 双 JK 触发器（上升沿触发）

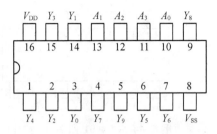

图 C.53　CC4028 4 线-10 线译码器
（BCD 码输入）

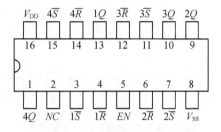

图 C.54　CC4044 四 $\overline{R}$-S 锁存器
（三态门）

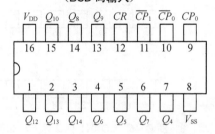

图 C.55　CC4060 14 位二进制串行计数器

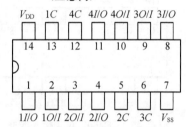

图 C.56　CC4066 四双向模拟开关

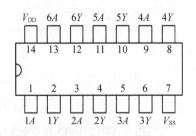

图 C.57　CC4069 六反向器

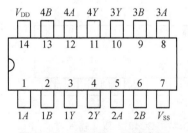

图 C.58　CC4070　四异或门

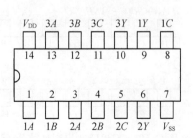

图 C.59　CC4073　三 3 输入与门

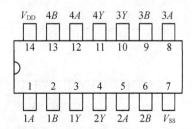

图 C.60　CC4081　四 2 输入与门

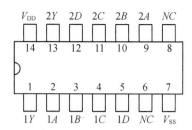

图 C.61　CC4082 双 4 输入与门

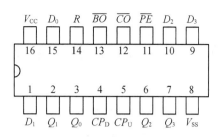

图 C.62　CC40193　同步可逆双时钟二进制计数器

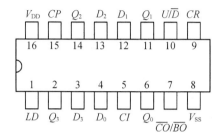

图 C.63　CC4510 十进制同步加/减计数器

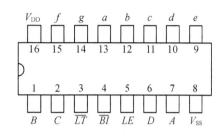

图 C.64　CC4511BCD-七段锁存/译码/驱动器

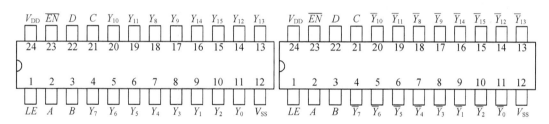

图 C.65　CC4514　4 线-16 线译码器（高有效）　　　　　图 C.66　CC4515 4 线-16 线译码器（低有效）

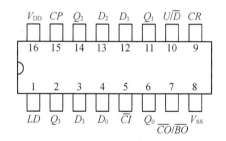

图 C.67　CC4516 4 位二进制同步加/减计数器

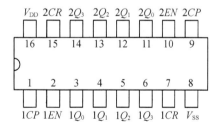

图 C.68　CC4518 双二-十进制同步加计数器

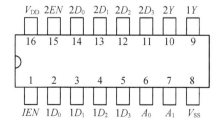

图 C.69　CC4529 双 4 选 1 数据选择器

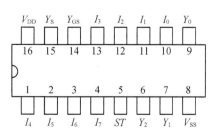

图 C.70　CC4532 8 线-3 线优先编码器

附录 D　TDO3062B 数字存储示波器

TDO3062B 数字存储示波器是一款功能强大、体积小巧的数字示波器,由常州同惠公司生产,其带宽为 60 MHz,能提供最高 1 Gsps 的实时采样率和 50 Gsps 的等效采样率。标准配置的多种先进特性使测量过程更加方便快捷,如多种触发功能、光标和参数测量、数字滤波、波形录制、PASS/FAIL 判别、数学运算、FFT 频谱分析、多种通讯接口等。

1)　基本技术指标

TDO3062B 数字存储示波器的基本技术指标是指垂直系统、水平系统、采样系统、触发系统、信号测量、存储与接口和显示系统的各项技术指标。

(1) 垂直系统

通道数:2 个模拟输入通道,1 个外部触发输入通道;

带宽: 60 MHz;

输入耦合:直流、交流、接地;

带宽限制(-3 dB):20 MHz;

垂直灵敏度(V/div): 2 mV/div~10 V/div,1 - 2 - 5 进制;

垂直准确度:2 mV/div、5 mV/div、10 mV/div;

电压差测量精确度:在同样的设置和环境下,经对捕获的≥16 个波形取平均值后波形上任两点间的电压差±($3\%×$读数+0.05 格);

垂直偏置范围:距离屏幕中心±8 格;

探头衰减系数: ＊1、＊10、＊100、＊1 000;

通道共模抑制:60 Hz 时 100:1,10 MHz 时 20:1;

交流耦合较低频率限制:BNC 处≤5 Hz;

使用 10X 探头时≤1 Hz;

通道间的串扰:1 MHz≥100:1,10 MHz 时≥100:1;

输入阻抗:1 MΩ ‖ 18 pF;

通道间延迟:两个通道刻度和耦合设置相同的时候±150 ps;

最大输入电压:CATI,400 V(DC+AC 峰值,1 MΩ 输入阻抗);

探头补偿输出 $3V_{p-p}$,1 kHz。

(2) 水平系统

水平采样模式:主时基、延迟扫描、X-Y、滚动模式

时基准确度:±0.01%;

输入(X-Y 模式):X-轴输入(水平)通道 1(CH_1);

　　　　　　　　　　Y-轴输入(垂直)通道 2(CH_2);

带宽(X-Y 模式):60 MHz;

相位(X-Y 模式):±3°;

时间间隔(T)测量精准度:单次:±(采样间隔时间+100×10^{-6}＊读数+0.6 ns)

>16 个平均值：$\pm$（采样间隔时间$+100\times10^{-6}$ * 读数$+0.4$ ns）。

（3）触发系统

触发源：CH_1、CH_2、EXT、EXT/5、LINE、交替；

触发方式：自动、普通、单次；

触发耦合方式：直流、交流、低频抑制、高频抑制；

触发模式：边沿、脉宽、视频；

触发灵敏度：0.1 div～1.0 div，用户可以调节；

触发电平范围：内部：距屏幕中心±8格；

EXT：±1.6 V；

EXT/5：±8 V；

触发电平精确度：内部：±0.3格 * 电压/格；

EXT：$\pm$（6%设定值$+40$ mV）；

EXT/5：$\pm$（6%设定值$+200$ mV）；

触发释抑范围：100 ns～1.5 s；

设定电平至50%：输入信号频率≥50 Hz条件下的操作；

边沿类型：上升沿、下降沿。

（4）采样系统

垂直分辨率：8位；

采样模式：取样、平均、峰值检测；

自动设置：自动调节垂直增益（V/div），水平时基（s/div），触发方式为"自动"。

（5）信号测量

电压测量项目：最大值、最小值、峰-峰值、高端值、低端值、幅度、平均值、均方根值周期平均、周期均方根、过冲、预冲；

时间测量项目：频率、周期、正占空比、负占空比、正脉宽、负脉宽、上升时间、下降时间、延迟、相位、X at Max、X at Min；

光标测量：手动、自动、追踪。

（6）存储与接口

内部存储：10组设置、10组轨迹；

文件通讯格式：轨迹、设置、波形、BWP位图、CSV文件；

接口：USB HOST；

USB DEVICE；

RS232C；

PASS/FAIL OUT；

LAN。

（7）显示系统

波形显示范围：菜单开：8格（垂直） * 10格（水平）；

即 200（垂直） * 250（水平）点阵；

菜单关：8格（垂直） * 12格（水平）；

即 200（垂直） * 300（水平）点阵；

波形显示类型：点/矢量。

函数/任意波形发生器模块的基本技术指标是指频率特性、正弦信号特性、脉冲波特性、幅度特性、AM 调制特性、FM 调制特性、PWM 调制特性、FSK 调制特性、PSK 调制特性、DCOM 调制特性、频率扫描特性、突发特性、调制信号输出特性和偏移特性的各项技术指标。

2）面板及显示说明

TDO3062B 数字示波器的面板图如图 D.1 所示：

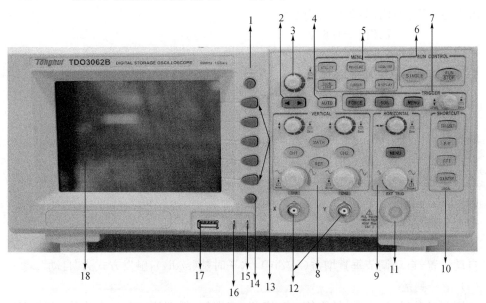

图 D.1　TD03062B 数字示波器前面板图

（1）MENU ON/OFF 键：控制显示屏右侧菜单显示的打开和关闭，关闭菜单可以用更大的显示区域显示采集波形。

（2）左右按键：切换帮助文件页面或在函数/任意波形发生器模块的菜单中选择设定参数的位置。

（3）通用旋钮：通用旋钮旁的图标灯亮时对选定的参数进行调节，不亮时调节波形亮度。

（4）AUTO 键：自动调整电压档位、时基、以及触发方式至最好形态显示波形。

（5）MENU 菜单区域：其中 UTILITY 表示为辅助功能按键；MEASURE 为自动测量功能按键；ACQUIRE 为采样系统的功能按键；SAVE/LOAD 为存储系统的功能按键；CURSOR 为光标测量功能按键；DISPLAY 是显示系统的功能按键。

（6）RUN CONTROL 运行控制区域：SINGLE 键为单次触发按键；RUN/STOP 键控制连续采集波形或停止采集波形。

（7）触发控制区域：LEVEL 旋钮，调制出发点相对参考 0 点的电平大小；三个按键功能不同，使用 MENU 键调出触发控制菜单，改变触发的类型设置。屏幕右下角显示相应的触发消息；按 50% 键将触发电平位置设置在输入通道波形幅值 50% 处；按 FORCE 键，强烈产生一个触发信号，它一般用在"普通"触发模式。

（8）垂直控制区域：四个按键分别打开和选定两个通道、数学运算及参考波形，四个旋钮分别控制两个通道的垂直位移和垂直档位。

（9）水平控制区域：MENU 键，显示水平控制菜单分为主时基、延迟扫描 $X-Y$、滚动模式、触发位移复位；两个旋钮分别控制当前活动通道的水平位移和水平档位。

（10）快捷键区域：分别是 TRIG SETUP、PASS/FAIL、FFT 和 COUNTER 按键，按下相应按键即可进入功能菜单进行操作。

（11）外触发输入通道或调制信号输出：示波器触发源选择为外部触发时用于连接外部触发源的输入信号，否则用于输出调制信号。

（12）被测信号输入通道：输入模拟信号到通道 1 和通道 2。

（13）软键：从上至下分别为 F1—F5 软键，对显示屏右侧弹出菜单的相应参数项进行选择和设置。

（14）PRINT 键：直接打印按键。

（15）校准信号输出端：提供频率为 1 kHz，峰-峰值为 3 V 的方波信号。

（16）探头补偿器：电压探头补偿输出及接地。

（17）USB 接口：连接优盘存储器。

（18）液晶显示屏。

3）操作说明

（1）开机功能检测

① 合上示波器电源开关，请等待，直到显示屏已通过所有开机测试。

② 按下"UTILITY"（辅助功能）按钮，打开显示屏右侧菜单，然后按下侧菜单"语言选项"按下按钮，选择中文菜单界面；再按一下"UTILITY"按钮，关闭显示屏右侧菜单。

③ 将探头衰减系数及探头上的衰减开关设定为 1×，并将探头（双夹线：红夹）连接器连接到示波器的 CH₁，探头（双夹线：红夹）与示波器校准信号源连接。

④ 按下 AUTO 键，在数秒内应当显示频率为 1 kHz，峰-峰值为 3 V 的方波信号，显示波形如图 D. 2 所示。

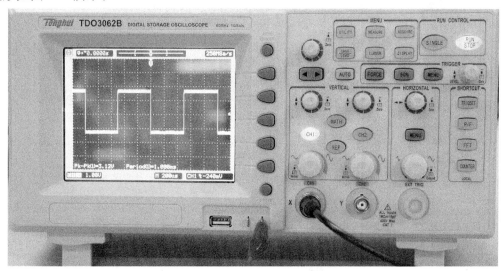

图 D. 2　示波器自检波形图

⑤ 将探头连接到 CH_2,按两次"CH_1 菜单"按钮关闭 CH_1 波形,按"CH_2 菜单"按钮,显示 CH_2,重复步骤④。

（2）垂直控制

如图 D.3 所示,在垂直（VERTICAL）控制区域有四个接键和四个旋钮。

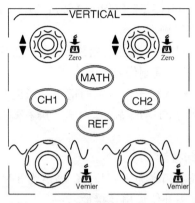

图 D.3

① $\boxed{CH1}$、$\boxed{CH2}$、$\boxed{MATH}$、$\boxed{REF}$ 键

按 $\boxed{CH1}$、$\boxed{CH2}$、$\boxed{MATH}$、$\boxed{REF}$ 键,打开/选中/关闭输入信号波形/运算波形/参考波形,并且在屏幕上显示对应通道的菜单。

按 $\boxed{CH1}$ 或 $\boxed{CH2}$ 键,打开通道,第 1/2 页的菜单和说明分别如图 D.4 和表 D.1 所示（以 CH1 通道为例）。

表 D.1

功能菜单	设定	说　明
耦合	交流 直流 接地	阻挡输入信号的直流成分 通过输入信号的交流和直流成分 输入接地,提供 0 V 信号参考
带宽限制	打开 关闭	限制带宽至 20 MHz,以减少信号噪声 满带宽
探头	1X 10X 100X 1 000X	根据探头衰减因数选取其中一个值,以保持波形垂直幅度读数准确
数字滤波	╱	设置数字滤波参数
更多	1/2	切换菜单,/前数字表示当前菜单项,/后数字表示总的菜单项（以下均同,不再说明）

图 D.4

注:菜单栏左侧的◀表示此菜单栏有多于 2 个的菜单选项,按下对应的软键后,弹出菜单列表,可以继续按下此软键,选择并确认选项;或者使用通用旋钮选择选项,再按下通用旋钮按键,确认该选项,同时关闭弹出菜单。（以下均同,不再说明）

按 F5 软键,切换至通道操作菜单的 2/2 页,显示和说明分别如图 D.5 和表 D.2 所示。

表 D.2

功能菜单	设定	说　明
档位调节	粗调	旋转垂直档位旋钮,1—2—5 步进制设定垂直档位
	微调	在粗调设置范围之内进一步细分垂直灵敏度,旋转垂直档位旋钮调节微调档位
反相	打开	打开波形反相功能
	关闭	波形正常显示
更多	2/2	切换菜单,/前数字表示当前菜单项,/后数字表示总的菜单项(以下均同,不再说明)

图 D.5

按 MATH 键,打开或关闭数学运算通道,其第 1/2 页功能菜单的显示和说明分别如图 D.6 和如表 D.3 所示。

表 D.3

功能菜单	设定	说　明
操作	A+B	信源 A 和信源 B 波形相加
	A—B	信源 A 和信源 B 波形相减
	A×B	信源 A 和信源 B 波形相乘
信源 A	CH1	设定信源 A 是 CH1 通道的波形
	CH2	设定信源 A 是 CH2 通道的波形
信源 B	CH1	设定信源 B 是 CH1 通道的波形
	CH2	设定信源 B 是 CH2 通道的波形
反相	打开	打开数学运算波形反相
	关闭	关闭数学运算波形反相

图 D.6

按 F5 软键,切换至第 2/2 页功能菜单,其显示和说明分别如图 D.7 和表 D.4 所示。

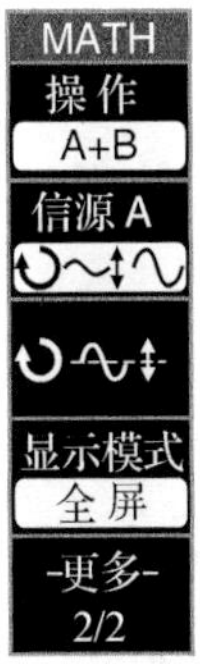

表 D.4

功能菜单	设定	说　明
幅度调节		调节数学运算波形垂直方向的幅度大小
位移调节	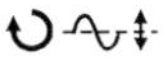	调节数学运算波形垂直方向的位移大小
显示模式	全屏	全屏显示数学运算波形
	分屏	上半屏显示输入通道波形,下半屏显示数学运算波形

图 D.7

示波器的 MATH 操作可以实现输入通道波形的相加、相减和相乘,并显示相应的运算结果波形。

REF 键功能:

在测试性能过程中,可以把测得的波形和参考波形样板进行比较,从而判断故障点及故障原因,此法在具有详尽电路工作点参考波形条件下尤为适用。

② 垂直位移旋钮

通道按键 CH1 、CH2 上方的垂直位移旋钮用来控制相应通道输入信号相对于屏幕中心的垂直位置。当转动垂直位移旋钮时(以通道 1 为例),通道 1 的标识➊→跟随波形移动,同时在屏幕左下角显示垂直位移相对于屏幕中心的电压值。当按下此旋钮时,通道 1 垂直位移快速归零,标识➊→居中(0 电位)显示。

③ 垂直档位旋钮

转动通道按键 CH1 、CH2 下方的垂直档位旋钮来改变相应通道的"Volt/div(伏/格)"垂直增益,对应通道状态栏的档位显示信息发生相应的变化。垂直档位旋钮按键是切换输入通道垂直档位粗调/微调状态的快捷键。

(3) 水平控制

如图 D.8 所示,在水平(HORIZONTAL)控制区域有一个按键、两个旋钮。使用水平控制可以改变时基、可以调节触发在内存中的位置,并可以观察主时基、延迟扫描、X - Y 模式以及滚动模式下的波形显示。

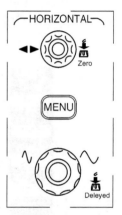

图 D.8

① 水平位移旋钮

使用水平位移旋钮调整信号的水平位置。转动水平位移旋钮时,可以观察到波形随之水平移动,同时在波形显示窗口的左下方和左上方显示相应的触发位置相对于窗口中点的时间变化状态信息。按下水平位移旋钮,触发位置复位至窗口中点处。

② 水平档位旋钮

使用水平档位旋钮调整水平档位设置,水平扫描速度从 2 ns～50 s/div,以 1—2—5 的形式步进。转动水平档位旋钮调整"s/div(秒/格)",波形显示在水平方向被拉伸。按下水平档位旋钮示波器可以在主时基和延迟扫描模式之间进行切换。

注:在 X - Y 方式和滚动模式不能使用水平位移旋钮。

③ MENU 键

按 MENU 键,显示水平菜单。在此菜单下,可以切换主时基、延时扫描、X - Y 和滚动模式四种显示模式。此外,还可以复位触发位移。

按 MENU 键,水平控制菜单第 1/2 页的显示和说明分别如图 D.9 和表 D.5 所示。

表 D.5

功能菜单	说　明
主时基	20 ms 及以下为正常采集模式,采集完一次数据后进行显示;50 ms 及以上为扫描模式,先采集预触发数据进行显示,然后边采集边显示。
延迟扫描	进入波形分屏放大模式
X - Y	在水平轴上显示通道 1 的幅值 在垂直轴上显示通道 2 的幅值
滚动模式	波形自右向左滚动刷新显示

图 D.9

按 F5 软键,切换至水平控制菜单第 2/2 页,其显示和说明分别如图 D.10 和表 D.6 所示。

图 D.10

表 D.6

功能菜单	说　明
触发位移复位	调整触发位置到中心零点

（4）触发控制

如图 D.11 所示,在触发(TRIGGER)控制区域有三个按键、一个旋钮。

图 D.11

① MENU 键:使用 MENU 键调出触发控制菜单,改变触发的类型设置。屏幕右下角显示相应的触发信息。

按 MENU 键,触发控制菜单第 1/2 页的显示如图 D.12 所示。

触发类型:选择触发方式,触发方式分成视频触发、边沿触发和脉宽触发三种。

信源:触定触发信源。

② 50% 键:按 50% 键将触发电平位置设置在输入通道波形幅值 50% 处。

③ FORCE 键:按 FORCE 键,强制产生一个触发信号,它一般用在"普通"触发模式。

④ LEVEL 旋钮:旋转 LEVEL 旋钮,调整触发电平。当使用 LEVEL 旋钮

图 D.12

调节触发电平时,屏幕上将出现一条红色水平线来标识当前触发电平的位置,同时在屏幕右下角显示触发位置相对于屏幕中心的电压值。红色水平线消失后,屏幕上还有一个小箭头来标识触发电平位置。当按下此旋钮时,触发电平快速归零,小箭头在 0 电位显示。

当检测到触发信号后,示波器连续采集足够的数据以在触发位置的后面显示波形。在主时基和延迟扫描模式时,触发控制有效。

（5）辅助系统功能设置

如图 D.13 所示,"MENU"控制区的 UTILITY 为辅助系统功能按键。

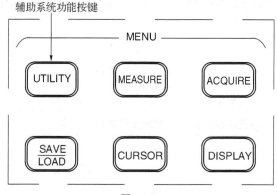

辅助系统功能按键

图 D.13

按 $\boxed{\text{UTILITY}}$ 键,辅助系统功能菜单第 1/2 页的显示和说明分别如图 D.14 和表 D.7 所示:

表 D.7

功能菜单	说　明
接口设置	设置接口参数
打印设置	设置打印参数
系统设置	设置系统参数
Language	设置系统显示语言为简体中文、繁體中文、English、韩语、日本語、français 等

图 D.14

按 F5 软键,切换至辅助系统功能菜单的第 2/2 页,其显示和说明分别如图 D.15 和表 D.8 所示:

表 D.8

功能菜单	显示	说　明
系统维护		查看系统信息,测试键盘和显示屏
通过测试		设置通过测试操作
自校正		执行自校正操作
快速校准	打开 关闭	对示波器的垂直位移进行快速校准 关闭快速校准功能

图 D.15

（6）自动测量

如图 D.16 所示,"MENU"控制区的 $\boxed{\text{MEASURE}}$ 为自动测量功能按键。

自动测量功能按键

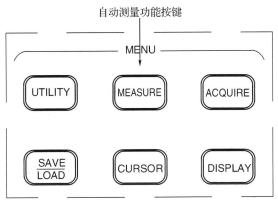

图 D. 16

按 MEASURE 键,显示参数自动测量操作菜单,菜单的显示和说明分别如图 D. 17 和表 D. 9 所示:

表 D. 9

功能菜单	设定	说　明
信源	CH1 CH2	设置被测信号的输入通道
电压测量	/	选择电压测量参数
时间测量	/	选择时间测量参数
清除测量	/	清除所有测量结果
所有测量	打开 关闭	显示所有测量结果 关闭所有测量显示结果

图 D. 17

电压测量:可测量的参数主要有峰峰值、幅度、最大值、最小值、高端值、低端值、平均值、均方根值、周期平均值、周期均方根值等。

时间测量:可测量的参数主要有频率、周期、上升时间、下降时间、正脉宽、负脉宽、正占空比、负占空比等。

获得所有测量值:按 MEASURE →所有测量,选择打开。仪器对所选择信源通道的 20 种参数进行自动测量并且将结果显示在屏幕中间,如图 D. 18 所示。

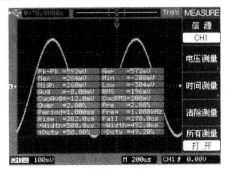

图 D. 18

（7）采样系统

"MENU"控制区的 ACQUIRE 是采样系统的功能按键，如图 D.19 所示。

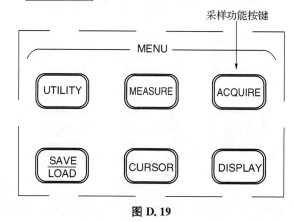

采样功能按键

图 D.19

按 ACQUIRE 键，选择取样采样模式，其菜单显示和说明分别如图 D.20 和表 D.10 所示：

表 D.10

功能菜单	设定	说　明
获取模式	取样	用于常规采集
采样模式	等效采样	设置为等效采集方式
	实时采样	设置为实时采集方式
波形录制		设置波形录制操作

图 D.20

　　实时采样：通常采样是按照固定顺序进行，并且采样顺序和示波器屏幕上显示顺序相同，这就是实时采样。

　　等效采样：又称重复采样。在满足以下两个条件时：1. 波形必须重复；2. 必须能稳定触发，示波器可以从多个波形周期获得波形不同点的采样，然后在屏幕上完整恢复波形。

　　按 F1 软键，选择平均采样模式，其菜单显示和说明分别如图 D.21 和表 D.11 所示：

表 D.11

功能菜单	设定	说　明
获取模式	平均	设置为平均采集模式，减少采集信号中的随机或无关噪声
平均次数	↻ 16	以 2 的幂次方步进设置平均采样次数
采样模式	等效采样	设置为等效采集方式
	实时采样	设置为实时采集方式
波形录制		设置波形录制操作

图 D.21

按 F1 软键,选择峰值检测采样模式,其菜单显示和说明分别如图 D.22 和表 D.12 所示:

ACQUIRE
获取模式
峰值检测

采样模式
等效采样

波形录制

图 D. 22

表 D. 12

功能菜单	设定	说　明
获取模式	峰值检测	设置为峰值检测模式,检测毛刺信号并且减少混淆的可能性
采样模式	等效采样 实时采样	设置为等效采集方式 设置为实时采集方式
波形录制		设置波形录制操作

注:减少采集信号中的随机噪声,请选择平均获取模式;观察信号的包络避免混淆,请选择峰值检测获取模式;观察高频周期性信号,请选择等效采样模式;观察单次信号请采用实时采样模式。

（8）存储和调出

"MENU"控制区的 SAVE/LOAD 为存储系统的功能按键,如图 D.23 所示。示波器执行在内部存储区保存和调出波形轨迹和设置文件,在外部存储设备上新建、重命名、调出和删除文件或文件夹等操作,并可直接调用出厂设置。

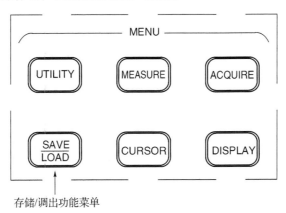

存储/调出功能菜单

图 D. 23

按 SAVE/LOAD 键,打开存储系统功能菜单,其显示和说明分别如图 D.24 和表 D.13 所示:

SAVE/LOAD
内部存储

外部存储

出厂设置

图 D. 24

表 D. 13

功能菜单	说　明
内部存储	内部文件保存/调出操作
外部存储	对外部存储器中文件进行操作
出厂设置	调用出厂时的预先设置

（9）光标测量

光标模式允许用户使用光标快速测量波形参数。

"MENU"控制区的 CURSOR 为光标测量功能按键，如图 D.25 所示。

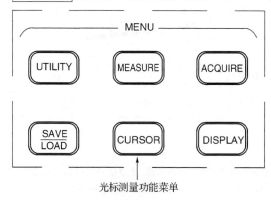

光标测量功能菜单

图 D.25

光标测量有三种模式：手动、追踪和自动测量方式。

（10）显示系统

"MENU"控制区的 DISPLAY 键是显示系统的功能按键，如图 D.26 所示。

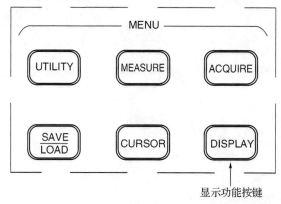

显示功能按键

图 D.26

按 DISPLAY 键，其功能菜单的第 1/2 页的显示和说明分别如图 D.27 和表 D.14 所示：

表 D.14

功能菜单	设定	说　明
显示类型	矢量 点	设置采样点之间通过连线的方式显示 直接显示采样点
波形保持	打开 关闭	记录点一直保持，直至波形保持功能被关闭 记录点一直以高刷新率变化
波形更新	/	清除波形保持所保留的波形 同时清除屏幕显示轨迹波形
波形亮度	↻ 50%	使用通用旋钮调节波形的亮度

图 D.27

DISPLAY
显示类型
矢量
波形保持
关闭
波形更新
波形亮度
↻
50%
-更多-
1/2

按 F5 软键,显示系统功能菜单的第 2/2 页的显示和说明分别如图 D. 28 和表 D. 15 所示:

表 D. 15

图 D. 28

功能菜单	设定	说　明
屏幕网格	▦ ▤ ▤ ▢	打开背景网格及坐标 打开背景网格 打开坐标 关闭背景风格及坐标
网格亮度	↻ 50%	使用通用旋钮调节网格的亮度
色彩设置	0/1 /2/3	设置屏幕显示的色彩
菜单保持	↻ ∞	使用通过旋钮选择菜单保持的时间

（11）快捷键（函数/任意波形发生器）区域

如果数字存储示波器中没有安装函数/任意波形发生器模块,该部分为示波器快捷键区域,如右图 D. 29 所示。在"SHORTCUT"区域里:

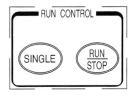

图 D. 29

TRIGSET 键:快速打开触发设置菜单。

P/F 键:快速打开/关闭 PASS/FAIL 功能及菜单。

FFT 键:快速打开/关闭 FFT 运算及菜单。

COUNTER 键:快速打开/关闭频率计。

LOCAL 键:当示波器处于远程（Rmt）控制状态,由上位机控制示波器操作,前面板按键不起作用,若按下此键（COUNTER）,示波器返回本机控制状态,可由前面板按键操作示波器。

（12）执行控制区域

如图 D. 30 所示,在"RUN CONTROL"控制区里,SINGLE 键为单次触发功能按键。按 SINGLE 键,在识别出触发信号后采样一次输出波形,之后,停止采样,直到重新按下 SINGLE 键或 RUN/STOP 键。

RUN/STOP 键为运行/停止功能按键,使仪器一直运行采样/停止采样。

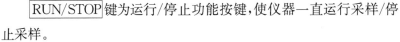

图 D. 30

注:采样波形,然后按 RUN/STOP 键,在停止的状态下,可以调整波形的水平时基和垂直档位。

参 考 文 献

1　康华光主编. 电子技术基础模拟部分(第四版). 北京:高等教育出版社,1999
2　阎石主编. 数字电子技术基础(第四版). 北京:高等教育出版社,1998
3　杨志忠主编. 数字电子技术基础. 北京:高等教育出版社,2004
4　谢自美主编. 电子线路设计·实验·测试(第二版). 武汉:华中科技大学出版社,2000
5　王尧主编. 电子线路实践. 南京:东南大学出版社,2000
6　王澄非主编. 电路与数字逻辑设计实践. 南京:东南大学出版社,1999
7　高吉祥主编. 电子技术基础实验与课程设计(第二版). 北京:电子工业出版社,2005
8　毕满清主编. 电子技术实验与课程设计(第三版). 北京:机械工业出版社,2005
9　吴立新主编. 实用电子技术手册. 北京:机械工业出版社,2002